Maria Montessori

„KOSMISCHE ERZIEHUNG“

Kleine Schriften Maria Montessoris

1

Maria Montessori

„KOSMISCHE ERZIEHUNG“

Herausgegeben und eingeleitet
von
Paul Oswald und Günter Schulz-Benesch

HERDER
FREIBURG · BASEL · WIEN

Gedruckt auf umweltfreundlichem,
chlorfrei gebleichtem Papier

4. Auflage

Printed in Germany

Herstellung: Freiburger Graphische Betriebe 1997
ISBN 3-451-21233-1

Vorwort

Die Rezeption des langen internationalen Wirkens Maria Montessoris (* 1870, † 1952) ist durch die zeitgleichen Wirren unseres Jahrhunderts gerade in Deutschland behindert gewesen. Viele ihrer pädagogischen Ansichten und Vorschläge gelangten hierzulande verzögert und gewissermaßen schubweise zur Kenntnis. Die literarische Diskussion über die Montessori-Pädagogik folgte zwangsläufig weithin diesen Schüben, wobei die persönliche Eigenart Montessoris und die Entstehungsweise ihrer Schriften – zum großen Teil aus Reden – zu Interpretationsunterschieden beitrugen.

Editorisch war es besonders dem Verlag Herder zu verdanken, daß nach und nach alle bisher hier unbekannten bedeutenderen Schriften Montessoris in deutscher Sprache erscheinen und korrekte bzw. korrigierte Neuauflagen der vor 1933 verlegten deutschen Übersetzungen erfolgen konnten. Diese korrigierten Neuauflagen waren: „Die Entdeckung des Kindes" 1969 (früher „Selbsttätige Erziehung im frühen Kindesalter") und „Schule des Kindes"1976 (früher „Montessori Erziehung für Schulkinder"). Bei den vorher in deutscher Sprache fehlenden Schriften handelt es sich um die Felder der religiösen Erziehung („Kinder, die in der Kirche leben" 1964), der Jugendlichenpädagogik („Von der Kindheit zur Jugend" 1966), der Friedenserziehung („Frieden und Erziehung" 1973) und um die von der frühesten Kindheit ausgehenden bzw. zusammenfassenden Spätschriften („Das kreative Kind – Der absorbierende Geist" 1972; „Über die Bildung des Menschen" 1966). Schließlich wurde es auch möglich, einen Band mit Texten der älteren Montessori aus dem Nachlaß herauszubringen, der manche Ergänzungen und Korrekturen des Bildes Montessoris in der bisherigen, etwas verfestigten literarischen Diskussion gestattete („Spannungsfeld Kind – Gesellschaft – Welt“ 1979).

Einige dieser Schriften, nämlich die „kleineren“, sind nun zum Teil seit längerem – vergriffen: „Über die Bildung des Menschen“, „Von der Kindheit zu Jugend“, „Frieden und Erziehung“ und „Spannungsfeld Kind – Gesellschaft – Welt“. Sie liegen gewiß als Material der Diskussion und des Studiums in den Bibliotheken bereit. Ihre Wiederauflage wird aber von vielen an den Ideen Montessoris und deren praktischer Realisierung Interessierten lebhaft und dringend gewünscht, auch zur Lektüre im Zusammenhang mit den zahlreicher gewordenen Einführungs- oder Ausbildungskursen zur Montessori-Praxis. Zur Ergänzung der weiter erhältlich bleibenden „großen“ Bücher Montessoris („Die Entdeckung des Kindes“, „Schule des Kindes“, „Das kreative Kind – Der absorbierende Geist“ und – bei Klett – „Kinder sind anders“) möchten die Herausgeber dieser Nachfrage durch die Ausgabe einer Folge von Sammelbänden entsprechen, die diese vergriffenen Schriften in ihren wesentlichen und in den „großen“ Büchern Montessoris nicht zu findenden Stücken wieder zugänglich macht. Gleichzeitig sollen die neuen Bände auch Ersteditionen hierzulande noch nicht erschienener Texte bringen.

In dem vorliegenden Buch „Kosmische Erziehung“ („Kleine Schriften Montessoris Bd. 1“) wird neben zwei Beiträgen aus Spannungsfeld Kind – Gesellschaft – Welt“ und den Kernstükken aus „Von der Kindheit zur Jugend“ neu die Übersetzung einer Altersschrift „Menschliche Potentialität und Erziehung“ (To educate the human potential) vorgelegt, die Montessoris Bemühungen um eine „Kosmische Erziehung“ betrifft. Den Abschluß des Buches bildet ein Aufsatz des Enkels Maria Montessoris, des Psychologen und Psychotherapeuten Drs. Mario Montessori jun. Er beruht auf intimer Kenntnis von der Entstehung und Intention der „Kosmischen Erziehung“ im Sinne Maria Montessoris.

Die notwendigen Erläuterungen zu Entstehung und Inhalt stellen die Herausgeber den drei Hauptteilen des Buches jeweils voran. Bei den Kapiteln I und III sind die entsprechenden Stellen aus „Spannungsfeld Kind – Gesellschaft – Welt“ und „Von der Kindheit zur Jugend“ mit Seitenzahlen vermerkt, um parallele Benutzung in Arbeitsgemeinschaften und Kursen zu erleichtern. Seitenangaben in Klammern (S. ...) verweisen auf Textstellen innerhalb dieses Bandes.

Frau Christel Ortner M. A. sei für Hilfe hinsichtlich italienischer Vergleichstexte, Herrn Dr. phil. habil. Michael Payne Steppat für wertvolle Hinweise zur Übersetzung (Kap. II) aus dem Englischen herzlich gedankt.

Die Herausgeber

Inhalt

I. Die Stellung des Menschen im Kosmos

EINLEITUNG DER HERAUSGEBER

Die beiden aus dem Nachlaß stammenden Abschnitte dieses Kapitels wurden erstmals in dem Buch „Spannungsfeld Kind – Gesellschaft – Welt" (1979) abgedruckt.[1]

Der erste Beitrag, „Die Stellung des Menschen im Kosmos", stellt die Mitschrift eines Vortrags dar, den Montessori 1935 im Londoner ‚Convent of the Assumption' gehalten hat. Es handelte sich um einen ‚Parallelkurs' zum Internationalen Montessori-Kursus 1935 in London. Im gleichen Jahre hatte Montessori auch einem weiteren Kreis ihr Konzept der „Kosmischen Erziehung" vorgestellt und entsprechende Vorschläge zur Praxis vorgetragen.

Der zweite Abschnitt des Kapitels bringt den wichtigen, 1945 in Indien verfaßten und vorgetragenen Text „Kosmische Erziehung".[2]

In älteren und manchmal auch noch heute gängigen „Geschichten der Pädagogik" wird Montessoris Verdienst mehr oder weniger auf den Bereich der Methode beschränkt, allenfalls noch ihre tiefe, ehrfürchtig tätige „Liebe zum Kinde" hervorgehoben.

Erstaunliche Passagen aber schon in frühen Werken Montessoris hätten auf einen weiteren – wenn auch zunächst immer nur andeutungsweise sichtbaren – Hintergrund ihres Denkens und Handelns

[1] M. Montessori, Spannungsfeld Kind – Gesellschaft – Welt. Auf dem Wege zu einer „Kosmischen Erziehung", Freiburg 1979 (Texte aus Montessoris Nachlaß).

[2] Vgl. die Einleitungen zu den weiteren Kapiteln dieses Bandes und die Anmerkung S. 13.

aufmerksam machen können: „Bei der Erziehung beschäftigt uns ... weniger die Wissenschaft als das Interesse an der Menschheit und der Kultur, für die es nur ein einziges Vaterland gibt: die Welt" (1909)[3]. *Und in den tiefen Betrachtungen zur religiösen Erziehung findet sich schon früh ein die „gegenstandsorientierte" (P. Oswald) Seite universaler Erziehung überhöhender Hinweis auf das „Studium der Schöpfung" (1929).*[4] *Spätestens mit der Kenntnis ihrer Genfer Friedensrede, die allerdings im damaligen Deutschland kaum publik wurde, zeigte sich der universale Hintergrund ihrer Ideen ganz deutlich: „Der Mensch schläft mit all seinen Erfindungen und Errungenschaften am Rande des Abgrunds. Er muß seinen Blick vom Außen der eroberten Natur zurückwenden auf sein zurückgebliebenes Innen."*[5] *Der neue Mensch und die neue Menschheit sind das Ziel – und den Weg dorthin sieht Montessori im Kinde gewiesen, da man das Lebewesen in der Entstehung eher begreift als in der statischen Erscheinung der Erwachsenheit. Es geht um das Menschsein schlechthin, nicht um eine bestimmte Gruppe: „Die ganze Menschheit ist eine und nur eine, eine Rasse, eine Klasse und eine Gesellschaft." „La Nazione Unica"!*[6]

(1) Die Stellung des Menschen in der Schöpfung *ist eine kosmische Sonderstellung, deren Aufgabengewicht der Mensch nicht genügend sieht. Er ist Teil der Schöpfung, in sie eingebettet, und doch in Werden und Sein anders: „In einfachen Worten: Wenn Gott die Wesen intelligent bewegt, gibt Er dem Menschen Intelligenz selbst" (S. 17). Und dies hat der Mensch als seine größte Möglichkeit und Aufgabe beim Aufwachsen des Menschenkindes zu beachten, will er Rettung erlangen.*

---

[3] M. Montessori, Die Entdeckung des Kindes, 8. Aufl. Freiburg i. Br. 1987, S. 6.

[4] Vgl. M. Montessori, The Child in the Church, London ²1930 S. 23 ff.

[5] Frieden und Erziehung, Freiburg i. Br. 1973, Kap. I.

[6] 1. Indischer Montessori-Kursus, Vortrag vom 14. 11. 1939; vgl. Frieden und Erziehung a. a. O., Kap. I und III/2.

(2) Kosmische Erziehung: *Über Einzelparteiungen ist Montessori in der (oft kritisierten) Sicherheit ihres Missionsbewußtseins hinaus – viel weiter schon: in der bereits angebrochenen neuen Weltzeit, der die Parteien- und Staatenkämpfe der Gegenwart in ihrem Teilcharakter der Entwicklung der Menschheit anachronistisch nachhinken. Und so fordert sie eine neue, eine „Kosmische Erziehung". Was aber ist ihrer Meinung nach zu tun? Auf diese Frage gibt sie als erläuternde Vorgabe zunächst eine Darstellung der „Kosmischen Theorie", die die Entstehung, den Zusammenhang und das Aufgabenfeld „Leben auf der Erde" für den Menschen beschreibt. Die Menschen gehorchten nicht genug den Schöpfungsgesetzen und drohen so das Opfer der von ihnen selbst geschaffenen „Supra-Natur" zu werden. – Dies schließt unsere heute sogenannten Umweltprobleme ein, wird aber von Montessori in dem viel umfassenderen Gesamtproblem Menschheit – Welt gesehen: in der Finalität eines „Kosmischen Plans". Die Menschen sind sich der Tatsache ihrer bereits erfolgten Vereinigung „so unbewußt geblieben, daß die Evidenz der Vereinigung sich ihnen mehr in der Form der Vernichtungsdrohungen als in der Erscheinung eines herrlichen Schöpfungssieges dargestellt hat." (S. 24) Ein „universales Bewußtsein", so meint Montessori, muß in der Erziehung, namentlich in dem dafür besonders sensiblen Schulalter von sechs bis zwölf Jahren erweckt und ausgebildet werden. Nachdem sie dazu ausführlich dargestellt hat, daß „in dieser Union jeder Mensch abhängig ist von anderen Menschen und jeder zur Existenz aller beitragen muß" (S. 27), verlangt sie die Erweckung des Gefühls der „Dankbarkeit und Liebe" (S. 28) gegenüber allen Menschen und die Verdammung jeder Verletzung menschlichen Lebens, soll uns nicht der „‚Zorn Gottes' immer wieder in der Gestalt vernichtender Kriege heimsuchen" (S. 30).*

Der Text „Kosmische Erziehung" von 1945 ist heute mit seinem bewegenden Appell zum Gehorsam gegenüber den Schöpfungsgesetzen in einer damals kaum vorstellbaren Weise aktuell.[7]

[7] Vgl. das Kapitel „Menschliche Potentialität und Erziehung" in diesem Band. – „Kosmische Erziehung" ist übrigens seit langem ein Pflichtthema der Ausbildungskurse der Internationalen Montessori Gesellschaft.

(1) *Die Stellung des Menschen in der Schöpfung*

(Vortragstext, London 1935; zuerst abgedruckt in: M. Montessori, Spannungsfeld Kind – Gesellschaft – Welt, Freiburg 1979, S. 119-124)

Hier einige Gedanken, einige Leitlinien, um moderne Aspekte in unserer Theorie zu unterstreichen. (Nach moderner Richtschnur studiert man allgemein das Kind sorgfältig in psychologischer Hinsicht; man denke z. B. an die Aussagen über die „Leitinstinkte".)

Nehmen wir zur Erläuterung eines der Wunder der Natur, die wir stets als eine Manifestation des Göttlichen betrachtet haben. Die Schöpfung ist wegen der Schönheit ihrer Erscheinungen bewundert worden. Wir haben den Schmetterling bewundert wegen seiner wunderbaren Farben und die Vögel wegen ihres Federkleids. Sie sind als Zeichen des Göttlichen betrachtet worden. Man hat Meditationen darüber angestellt; sogar Kinder sind angeleitet worden, über diese Dinge zu meditieren. Aber all dies ist nur die Bewunderung von Objekten der Sinne.

Hier aber haben wir einen anderen Faktor – einen unsichtbaren, immateriellen. Das ist der Geist, der Göttliche Geist, wirkend, leitend. Die winzigsten Geschöpfe haben ihren Führer, der sie Schritt für Schritt leitet. Es scheint, als ob wir besser von diesen kleinen Dingen her dazu kommen, die Geheimnisse der Schöpfung zu verstehen, als von den größeren. Wir sehen erst Dinge in der Entstehung und dann entstandene Dinge.

Wenn wir das Kind als geleitetes und im Entstehen begriffenes Wesen betrachten, sind wir Zuschauer beim Werke des Aufbaus des Menschen. Was über den Atem des Geistes gesagt worden ist, wird hier anschaulich. Die große Bedeutung, die diese Manifestationen haben, liegt in der Achtung, die wir für sie empfinden und mit der wir sie betrachten müssen. Die modernen Studien der Biologie folgen alle dieser Grundlinie, z. B., daß die Instinkte viel bemerkenswerter sind als die Beobachtung äußerer Sachverhalte. All dies läßt das intelligente Wirken der Wesen erkennen. Es ist eine Intelligenz, die sie antreibt, tätig zu sein. Ein Beispiel: Der Schmetterling begibt sich zu einer Pflanze, mit der er nichts zu tun hat, und legt seine Eier unter die Unterseite des Blattes. Er tut dies, weil die Eier, wenn sie sich oben befänden, vom Regen abgewaschen würden. Der Schmetterling handelt nicht mit Intelligenz, aber auf eine intelligente Weise.

Ein anderes Beispiel ist die Spinne, keins von den schönen Dingen der Natur. Es ist ein dunkles Geschöpf mit dem unsympathischen Instinkt, Gewebe zu spinnen, um seine Beute zu fangen. Wenn die Spinne sich um ihre Eier kümmern muß, vergißt sie ihre Feinde und spinnt ein dickes Gewebe, eine Art Sack mit doppelten Wänden, so daß die Luft zwischen dem Futter und der äußeren Wand hindurchkann. Folglich wird alles innen warm gehalten und gegen Feuchtigkeit geschützt. Der Mensch hat viel längere Zeit gebraucht, um die gleiche Entdeckung zu machen. Es ist eine Form, sein Verhalten in der Welt einzunehmen, die die Spinne vom Anfang ihrer Existenz an gekannt hat.

Es gibt ein anderes Wirken in der Natur, das nicht gerade sehr anziehend erscheint. Das ist die Tätigkeit des Pillendrehers, eines aasfressenden Insekts. Dieses Insekt hat gewisse Substanzen, die auf dem Boden im Wege liegen, zu beseitigen. Wir würden einen Besen nehmen: das Insekt rollt die Stoffe zu Bällen auf, die größer sind als es selbst. Diese Bälle sind vollkommene Kugeln. Dies zu schaffen wäre für uns ein Problem. Aber die Kugel ist sicher der am leichtesten zu rollende geometrische Körper. So führt das Insekt seine eigene spezielle Tätigkeit aus. Das ist eines der Wunder der Natur; diese Harmonie, welche die Welt erhält. Jeder hat eine aktive Mission, so daß jedes Wesen dieses Verdienst besitzt – daß es wirkt und sich erschöpft. Gott hat die Welt nicht anders geschaffen, als daß jedes Geschöpf eine innere Aktivität besitzt, die ein Verdienst bedeutet, der von den heutigen Wissenschaftlern betrachtet wird.

So müssen wir bedenken, daß das Kind seine eigenen Direktiven besitzt. In der Entwicklung des Kindes sehen wir eine logische Leitung. Bald nach der Geburt ist es sensibel für die Ordnung der Dinge um es herum. Dann fängt es an, die auffallenden Dinge zu beobachten. In seinem zweiten Jahr beginnt es, winzige Dinge zu beobachten, die wir überhaupt nicht bemerken würden. Es beginnt auch für Ordnung zu handeln, so gut es kann, und das ist logisch. Auf diese Weise hat es eine Basis, aus seinem inneren Selbst heraus handeln zu können. Es beginnt fähig zu sein, in der Welt zu handeln. Das Kind durchläuft einen logischen Weg, und wie ein Reisender in einem unbekannten Land muß es sich orientieren und seine Umgebung studieren. Dann wird es minuziöse Details wahrnehmen. All dies tut es mit großem Enthusiasmus. Auf diese Weise folgt es den allgemeinen Gesetzen durch seine innere Führung. Tatsächlich besitzt es aber etwas Unterscheidendes in sich. Andere Wesen lernen auch, Dinge zu tun, aber es sind immer dieselben. Sie rollen ihre Bälle, spinnen ihre Gewebe usw., aber immer auf die gleiche Art, ihrem Instinkt gehorchend. Was den Menschen auszeichnet, ist, daß er *keine* Grenzen hat und sich allem anpassen kann. Es ist merkwürdig, daß der Mensch, obwohl er das Wesen ist, das am längsten untätig bleibt. Lämmer können ihrer Mutter nach der Geburt folgen, stehen auf ihren Füßen und erreichen bald den Zustand, in dem sie mit ihren anderen Artgenossen leben können. Der Mensch verhält ein Jahr, bevor er gehen kann. Das ist deswegen, weil die Muskeln des Menschen nicht genauso vom Instinkt geleitet werden wie die anderer Geschöpfe. Das Individuum selbst muß seine Bewegungskräfte beseelen. Jeder einzelne muß sich selbst für seine eigene Individualität zurüsten. Es ist diese Verschiedenheit der Individualität, in welcher wir den Unterschied zwischen dem Menschen und den anderen Wesen sehen. Diese Beseelung der eigenen Muskeln des Kindes hat für uns eine große Bedeutung. Sie bietet gleichsam das Geheimnis des Lebens dar, das uns durch die ganze kindliche Entwicklung begleiten wird. Wir haben ihm einen Namen gegeben, der es vielleicht nicht ganz genau bezeichnet: „Inkarnation". Denn jeder psychische Drang ist wie ein Sturmwind, der die Muskeln aufrüttelt (z. B. bei der Sprache). Es ist, als ob die psychischen Führer des Kindes seine Tätigkeiten erschüfen, so daß es, indem es heranwächst, immer tätig sein muß.

Zum Beispiel wird das Junge des Tigers sich seinen Instinkten entsprechend bewegen wie auch ein junges Reh; der Mensch aber muß für sich selbst handeln, weil das Bewegungsorgan im Menschen untätig ist; er selbst ist es, der ihm Aktivität geben muß. Folglich muß man das Kind freilassen zu handeln. Wenn das Kind während des ersten Jahres seines Lebens tätig ist, baut es sich selbst auf, nicht durch Intelligenz, weil es noch nicht fähig ist, zu verstehen, sondern durch Instinkt oder psychische Antriebe. Diese inneren Führer befähigen es, das intelligente Stadium zu erreichen. Es konstruiert seinen Verstand nach seiner inneren Richtschnur. Es wird ein bewußtes Individuum, dessen Intelligenz derjenigen gleicht, die wir in der Natur wirken sehen, so daß das menschliche Individuum nicht einen Instinkt, sondern eine Seele inkarniert. Denn das Individuum besitzt eine Intelligenz, so daß, wenn alles geleitet ist, auch die Intelligenz geleitet sein muß.

In einfachen Worten: Wenn Gott die Wesen intelligent bewegt, gibt Er dem Menschen Intelligenz selbst. Wenn es eine göttliche Kommunikation zwischen allen erschaffenen Wesen gibt, gibt es hier eine unmittelbarere. (Der menschliche Instinkt kann mit dem Göttlichen kommunizieren. Es ist, als ob der Mensch allein verstünde, daß er diese Richtung einschlagen muß.) Das hat man bei den menschlichen Überresten seit seinen Anfängen (in steinernen Überbleibseln und Idolen) gefunden. Unter den auffallendsten Entdeckungen über den primitiven Menschen befinden sich diese Spuren der Religion. Der Mensch hat immer gebetet, und er hat immer durch das Gebet eine Führung gesucht. All dies würde zu einer Schlußfolgerung in der Erziehung führen: daß wir bedenken müssen, daß das

Kind von der Geburt an eine Kraft in sich hat. Wir dürfen nicht nur das Kind sehen, sondern Gott in ihm. Wir müssen die Gesetze der Schöpfung in ihm achten. Wir dürfen nicht denken, wir könnten das Kind machen; wenn wir das tun, verderben wir das göttliche Werk. Wenn wir meinen, wir seien es, die das Kind formen, bauen wir nicht den aktiven Teil im Kinde auf. Wir vermindern die Kräfte des menschlichen Geschöpfes. Wenn wir glauben, wir seien es, die das Kind aufbauen müssen, sind wir tatsächlich Materialisten. Was heißt es, Materialist zu sein? Was sagte die Wissenschaft, als sie dessen beschuldigt wurde? Da sagte die Wissenschaft, daß alles aus sich selbst entstanden wäre und Gott nichts damit zu tun hätte! Was sind wir anderes als Materialisten, wenn wir so handeln? Eine seltsame Sache ist im wissenschaftlichen Materialismus geschehen. Nämlich, daß die Beobachtung die Körper (nicht nur der Menschen) als eine Art Laboratorien der organischen Chemie darstellte. Es wurde gelehrt, daß bestimmte Stoffe zusammengesetzt werden könnten, um einen Menschen herzustellen. Es wurde gesagt, daß das Geheimnis in chemischen Mysterien liege, die die notwendigen Resultate ergäben. Dann würden wir einen Menschen erschaffen – den „Homunculus" –, irgendein kleines und plumpes Etwas. Das sollte der große Triumph der Schule des Materialismus sein!

In der Erziehung kennen wir die psychische Reaktion des Kindes. Das Kind ist für uns ein psychisches Laboratorium, in dem wir die Elemente finden, aus denen ein Mensch aufgebaut werden kann. Wenn wir die gottgegebenen Elemente zusammensetzen, glauben wir, wir könnten etwas Größeres machen. Wir glauben, wir seien es, die einen geistigen Menschen erschaffen könnten. Aber in der Erziehung werden wir immer enttäuscht. Die Ergebnisse sind immer gering, kümmerlich und deformiert. Wir bemühen uns, Probleme zu lösen, die auf diese Weise keine Lösung finden. Wenn wir diese Probleme lösen wollen, dürfen wir nicht länger Materialisten sein.

Das Geheimnis der Erziehung ist, das Göttliche im Menschen zu erkennen und zu beobachten, d. h., das Göttliche im Menschen zu kennen, zu lieben und ihm zu dienen; zu helfen und mitzuarbeiten von der Position des Geschöpfes und nicht der des Schöpfers. Wir haben das göttliche Wirken zu fördern, aber nicht uns an seine Stelle zu setzen, da wir sonst zu Verführern der Natur werden.

Was wir zu sagen geneigt sind, ist: „Gehorche mir und werde wie ich.“ Während wir sagen sollten: „Gehorche Gott und werde wie Gott.“ Wir denken, wir sagen dies, weil wir ständig in Worten dem Kinde zureden, Gott zu gehorchen, aber unsere Handlungen stimmen nicht mit unseren Worten überein.

Es sind zwei Dinge zu tun. Erstens eine Kenntnis von Gott und allen Dingen der Religion zu geben. Zweitens die verborgenen Kräfte des Kindes zu erkennen, zu bewundern und ihnen zu dienen und demütig zur Seite zu treten, mit der Intention der Mitarbeit, so daß die Personalität des Kindes mit seiner inneren Gegenwart immer vor uns steht. Das muß die Grundlage der Erziehung sein. Die Aufgabe, die sich die Lehrer selbst vorgenommen haben, ist gewöhnlich gewesen, weiches Material zu modellieren und leere Gefäße zu füllen. Aber wir müssen uns darauf einstellen, die verborgenen Wunder im Kinde zu sehen und ihm zu helfen, sie zu entfalten.

(2) *Kosmische Erziehung*

(Vortragstext, Indien 1945; zuerst abgedruckt in: M. Montessori, Spannungsfeld Kind – Gesellschaft – Welt, Freiburg 1979, S. 132-143)

Um eine Vorstellung davon zu geben, was wir unter „Kosmischer Erziehung“ verstehen, muß kurz der Hintergrund dieser Frage berührt werden, d. h. die „Kosmische Theorie“. Diese erkennt in der ganzen Schöpfung einen einheitlichen Plan, von dem nicht nur die verschiedenen Formen der Lebewesen, sondern auch die Entwicklung der Erde selbst abhängt. Diese Idee schließt zwar die Grundlage der Evolutionstheorie ein, unterscheidet sich aber von ihr in bezug auf die Ursachen und die Finalität des fortschreitenden Wandels der Arten. Der Fortschritt des Lebens in seinen Kämpfen und Verteidigungen rührt nicht vom Wandel her. Das Leben schreitet nach einem kosmischen Plan voran, und der Sinn des Lebens ist nicht, Vollkommenheit auf einer unbegrenzten Bahn des Fortschritts zu erlangen, sondern einen Einfluß auf die Umgebung auszuüben und ein bestimmtes Ziel in ihr zu erreichen. Schon seit langem hat die Geologie die enge Beziehung zwischen dem Leben und der Erde bewiesen und das Leben, das die ganze Oberfläche der Erde als die „Biosphäre" umhüllt, als notwendig zum Aufbau der Erde betrachtet. In der Tat sind die Gesteine in ihrer großen Mehrheit, die Gebirge und die Inseln und sogar Kontinente von Lebewesen, besonders von Korallen, aufgebaut worden. Die Reinheit des Meereswassers und die Konstanz seiner Zusammensetzung, die so notwendig für das Leben der Fische und der Mollusken sind, welche den Ozean bevölkern, rührt von der beständigen Reinigungsarbeit der Korallen her, der Schalentiere und mancher einzelliger Lebewesen, deren Überbleibsel den Boden der Ozeane bedecken und sich später in Marmor-, Kalkgesteine und Felsen verwandelt haben.

Und die Reinheit der Luft sowie die sich nicht ändernde Quantität von Sauerstoff, welche die Luft für alle Tiere, die das Land bevölkern, atembar erhält, ist dem pflanzlichen Leben und besonders jenen Bäumen zu verdanken, die zuerst auf der Erde erschienen, als sie sich aus den Wassern erhob, so daß die Erde und das Wasser eine konstruktive Einheit bilden. Es wurde vor kurzem durch Beobachtung der Funktionen der Tiere bewiesen, daß ihr Verhalten, ihre individuelle Handlungsweise in der Umgebung nicht nur den Zweck hat, sie selbst zu erhalten, sondern vor allem einen speziellen Punkt in der komplexen Aufgabe des Haushalts der Erde und der Erhaltung der Harmonie auf ihr zu erfüllen.

Um dies zu verstehen, braucht man nur an die ersten glänzenden Beispiele zu denken, die Darwin über das enge Zusammenwirken zwischen blühenden Pflanzen und Insekten gegeben hat. Das Insekt, das ausfliegt, seine Nahrung in der Blüte der Pflanze zu suchen, führt unbewußt eine altruistische Aufgabe aus, die Bestäubung der Blüten. Es sichert auf diese Weise die Kreuzung und das Überleben der Pflanzen. Ähnlich führen alle anderen Lebewesen durch den Prozeß ihrer eigenen Ernährung oder Nahrungssuche eine „kosmische" Aufgabe aus, die dazu beiträgt, die Natur in einem harmonischen Zustand der Reinheit zu erhalten. Jede Art wirkt für das Ganze, und vom Werk eines jeden hängt die Lebensmöglichkeit des Ganzen ab. Diese kosmischen Aufgaben sind weise unter alle Verhaltensformen verteilt worden, die unwiderstehlich zu einer bestimmten Aufgabe drängen, welche der Gemeinschaft dient. Die Ökologie ist eine neue Wissenschaft, die diese Wechselbeziehungen studiert. Wenn man diese Allgemeinheit des Beitrags aller Lebewesen bedenkt, kann man sich über den Menschen nur wundern. Ist die Menschheit die einzige parasitäre Art, die in nutzlosen Kämpfen und immenser Arbeit lebt, nur um sich selbst am Leben zu erhalten? Ist es möglich, daß nur der Mensch seine kurze Lebensspanne verbringt, indem er ohne Sinn in dieser irdischen Welt leidet? Das kann nicht so sein. Es ist evident, daß die kosmische Theorie auch den Menschen zu den wirkenden Kräften der Schöpfung rechnet. Wir müssen diese seine Verhaltensweise beobachten, um seine wesentlichen Funktionen herauszufinden, die zu der Erhaltung und der Entwicklung der Erde beitragen.

Es springt unmittelbar ins Auge, daß der Mensch eine „verändernde Funktion" auf die Natur ausübt. Vom Beginn der Zeiten an arbeitete er, und er fährt dem ersten Anschein nach fort, für sein eigenes Wohl zu arbeiten; aber indem er auf der Erde lebt, lebt er als eine Spur seiner ganzen Existenz und seines verzaubernden Pfades. Wo immer der Mensch vorüberging, wurden die Blumen schöner, die Pflanzen fruchtbarer, die Urwälder wurden Forste, und die Wasser wurden verteilt. Selbst was auf der Erde durch Millionen von Jahren verbrannt wurde, so wie Kohle, kam zurück auf die Oberfläche, indem es der Atmosphäre ihre wesentlichen Elemente wiedergab. Ungenutzt Energien im Äther wurden verwertet; in der Erde lagernde chemische Substanzen wurden zu neuen Verbindungen benutzt. Sogar die Edelsteine, die in vergangenen Äonen gebildet worden waren, kamen mit ihrem Schein an das Licht der Außenwelt. Die Tiere wurden besser auf der Oberfläche der Erde verteilt. Und die Erde selbst, die einst als Konstruktionen von Lebewesen nur die Bienenstöcke, die Termitenhaufen und Vogelnester besaß, bedeckte sich mit den Denkmälern, die der Genius des Menschen geschaffen hat.

Und der Mensch selbst vervielfachte seine Kräfte, während er dies aufbaute, was wir Kultur nennen, bis zu dem Punkt, daß er alle Beschränkungen durch die Natur überwand und sich über die Bedingungen erhob, die ihm zur Zeit seiner ersten Erscheinung auf der Erde gegeben waren. Er, dem die Natur nur zwei Füße geschenkt hat, um darauf zu laufen, kann heute die Erde mit mechanischen Mitteln durchqueren, die ihn von dem einen Ende bis zum anderen tragen, über Kontinente hinweg sowohl wie über Ozeane und sogar durch die weiten Räume der Atmosphäre. Seine Intelligenz ist fast allmächtig geworden; sie ist heute dabei angelangt, die Energien zu zähmen, und fähig geworden, in die innersten Geheimnisse des Lebens einzudringen.

Deshalb ist er, statt ein Parasit zu sein, nicht nur jemand, der die Umgebung genießt, sondern er ist die aktivste der wirkenden Kräfte, die dazu bestimmt sind, die Umgebung zu verändern und zu vervollkommnen. Seine Kraft ist fast allmächtig, und durch seine Anstrengungen hat er sich selbst so verwandelt, daß er gleichsam fähig wurde, die Wunder einer neuen Schöpfung zu verwirklichen. Die Bedingungen der Erde vor seinem Auftreten im Vergleich zur Erde, wie wir sie heute kennen, geben eine Vorstellung von der Kraft der Menschheit als einem kosmisch Handelnden. Doch die Spanne ihrer Existenz, verglichen mit der Länge der geologischen Epochen, zeigt der

Menschheit, wie jung sie ist, so daß man sagen kann, sie befinde sich erst am Beginn ihrer kosmischen Aufgabe. Diese Aufgabe scheint unbegrenzt zu sein und zu supernaturalen und göttlichen Kräften zu führen. Die Intelligenz und die Gefühle des Menschen haben sich durch seine kreative kosmische Aufgabe entwickelt. Was heute Verwirklichung ist, war intuitiv in den Religionen vergangener Jahrtausende gefühlt worden. Es gibt eine Reihe von sehr alten Schriften, heute gesammelt in einem Buch namens „Ahinahita", die den Menschen den Pfad zu Gott hin zeigten. Dieser Pfad ist weder der Weg der Meditation, noch ist es der Weg der Untersuchung der geistigen Gründe der Dinge, sondern der, „die Erde zu erlösen und die Wüsten zum Paradies zu verwandeln". Durch diese Arbeit, die so beständig wie eine Funktion ist, „die Funktion des Menschen", wird die Menschheit bis zur Annäherung an das Verstehen Gottes emporwachsen. (Diese Schriften, die in Tibet entstanden sind, werden von Max Müller[8] als die Grundlage aller alten Religionen von Persien und Indien betrachtet.)

Aber während er diese lange Aufgabe ausführte, worin der Mensch als die kosmische Wirkkraft handelte, die die Hervorbringungen der Natur verfeinerte und vervollkommnete, blieb die Menschheit wie alle anderen Lebewesen der Tatsache unbewußt, eine kosmische Aufgabe in der Schöpfung zu haben. Sie dachte, für ihr eigenes Wohl allein zu leben und entwickelte sich auf der Basis ihrer eigenen Schutzmaßnahmen und ihrer eigenen Anstrengungen zur Eroberung; und sogar heute noch fährt sie fort, sich zu fragen: was ist der Zweck des Lebens des Menschen auf der Erde, was ist der Sinn seiner mühseligen Pilgerschaft? Der Mensch sinnt über die einzigartige Nutzlosigkeit der Anstrengungen zu seinen Errungenschaften nach und über die harte Notwendigkeit seines Schutzes. Und er schließt, daß alles ein vorübergehender Trug ist. Das zeigt, wie er seine

[8] F(riedrich) Max Müller (1823-1900), Sprachforscher und Sanskritist, Begründer der Vergleichenden Religionswissenschaft.

Aufgaben auf dieselbe Weise nicht gewahr wird wie die Korallen, die ohne das Bewußtsein leben, daß sie im Begriffe sind, Inseln und Kontinente zu erbauen.

Diese Vision läßt die Vorgeschichte und die Geschichte des Menschen von einem ganz neuen Aspekt her betrachten, der einen Schlüssel liefert, nämlich den Schlüssel, die menschliche Gesellschaft besser zu verstehen. Die Menschen bildeten zuerst getrennte Gruppen (die Stämme und Nationen), arbeiteten örtlich verschiedene Grundzüge von Kultur aus (Kosmische Aufgabe), bestimmt, sich miteinander zu mischen und zu verbinden, wie die Atome es tun, wie sie sich nach ihren eigenen Kombinationen vereinigen, um neue und komplexere Substanzen zu bilden. Und endlich, in der gegenwärtigen Epoche, scheint die Einheit der ganzen Menschheit unbewußt erreicht zu sein. Denn heute tauschen die Menschen nicht nur das Produkt ihrer materiellen Aktivität, sondern auch ihre Gedanken aus, die Entdeckungen und alle Erzeugnisse aus reiner Geistesarbeit. Eines ist ganz klar heute, daß die Menschheit wirklich vereinigt ist. Diese Union war noch keine bewußte Leistung, kein bewußtes Ziel. Im Gegenteil, die Menschen sind dieser Tatsache so unbewußt geblieben, daß die Evidenz der Vereinigung sich ihnen mehr in der Form der Vernichtungsdrohungen als in der Erscheinung eines herrlichen Schöpfungssieges dargestellt hat.

Eine Tatsache entgeht der Einsicht der Menschheit, und das ist das Bewußtsein ihrer irdischen Bestimmung und des Faktums, daß das Ganze der Menschheit so innerlichst vereinigt ist, daß es eine organisierte Energie bildet. Die revolutionären Bewegungen unserer Tage sind ein Zeichen der großen Krise, aus der das „Universale Bewußtsein“ der Menschheit dabei ist, geboren zu werden.

Aus den extremen Gefahren unserer Tage ist die Einsicht der Notwendigkeit erstanden, daß die Menschen mit ihrem bewußten Willen und mit ihrem Empfinden die „Anpassung“ an die gegenwärtigen Bedingungen zu finden suchen und so eine einzige universale harmonische Gesellschaft zu bilden. Das ist das sehnsüchtige Streben, an das sich heute die Menschheit klammert, getrieben durch den dringlichsten Ruf nach Wegen ihrer eigenen Rettung. Aber wie dies erreichen, wenn nicht durch eine „direkte Vorbereitung" der neuen Generation, d.h. durch Erziehung?

Der Mensch fühlte sich fast ausschließlich gedrängt, seine kosmische Mission auszuführen, und indem er dies tat, vergaß er sich selbst. Heute ist er nicht „gerüstet", die aus einer „Supra-Natur"[9] bestehende Umgebung zu beherrschen, welche er selbst auf der Erde geschaffen hat. Er hängt blind und unbewußt ab von Umständen, die er selbst bereitet hat, als er sich seiner Aufgabe auf der Erde nicht bewußt war. Die Menschen achteten nicht auf die Menschheit. Ihr Werden wurde vernachlässigt und dem Zufall überlassen und blieb so in der Entwicklung niedriger im Vergleich zu der Umgebung, in welcher der Mensch lebt. Er ist orientierungslos und besitzt keine Kontrolle über seine eigene Schöpfung. Der erste und dringlichste Schritt in der Erziehung ist, Sorge und Aufmerksamkeit der menschlichen Individualität zuzuwenden, die in ihrer psychischen Seite studiert und erkannt werden muß, so wie auch die Natur erkannt wurde durch das minuziöse Detailstudium der Biologie. Die Stunde ist gekommen, in der ein universaler Appell an die Menschheit ertönt. Die Wissenschaft studierte zuerst das Leben im allgemeinen. Sie muß nun das Leben des Menschen studieren.

Die Psychologie ist eine neue Wissenschaft, die im Begriffe ist, auf sich das aktuellste Interesse zu ziehen. Sie strebt unmittelbar nicht nur danach, die Psychologie des Menschen von der Geburt an zu erkennen, sondern auch den Menschen zu ändern, wie die Natur selbst verändert wurde. Diese Veränderung des Menschen wird nicht als ein Wunsch nach einer neuen Er-

---

[9] Montessori wollte ihren Terminus „Supra-Natur" (= Kultur) streng unterschieden wissen vom theologischen Begriff „supernatürlich" (= übernatürlich).

kenntnisweise, sondern als eine unmittelbare Notwendigkeit empfunden, von welcher sogar die Sicherheit der Menschheit abhängt. Die Menschen sind unwissend, unbewußt und unorientiert in ihrem praktischen Verhalten, auch die Hervorragendsten, die den Glauben der Menschheit lenken. Es ist notwendig, dem menschlichen Individuum von der Geburt an zu helfen, alle latenten Energien zu entwickeln, eine klarere Intelligenz zu erwerben, einen stärkeren Charakter, eine neue und freiere Form des Bewußtseins, die fähig ist, die Totalität der menschlichen Bedürfnisse zu begreifen. Dann kann, wie die Biologie die Weise der Beherrschung des Lebens aufzeigte, des Gebrauchs seiner verborgenen Energien, und so neue in der rohen Natur unbekannte Blumen und Früchte erzeugte, in derselben Weise ein neuer und vollkommenerer Mensch in künftigen Generationen hervorgebracht werden. Das menschliche Leben und das Kind können nicht länger unbekannt und sich selbst überlassen, eingeengt in den Grenzen alter Vorurteile bleiben, welche seine Entwicklung beschränken und deformieren. Der Plan einer Erziehung, die Rettung bringen will, muß auf den Gesetzen, die das menschliche Werden leiten, gegründet sein und muß alle potentiellen Energien, die im Menschen schlummern, realisieren. Wenn das Problem angegangen wird, indem man die Wurzeln der Individualität in Betracht zieht, ist es möglich, einen einfacheren und klareren Weg zu finden, die neuen Generationen, befreit und mit neuer Kraft erfüllt, zur Erwerbung einer neuen Orientierung des Bewußtseins zu leiten und die ganze Menschheit zur harmonischen Einheit zu führen. Mit anderen Worten, durch die veränderte und von den Fesseln der Unwissenheit, der Schwäche, der psychischen Deviationen und der Ignoranz befreite Kindheit ist es möglich, zu handeln, indem man eine neue Form intellektueller Bildung vermittelt und neue Gefühle der Menschlichkeit kultiviert. Dieser letztere Teil, die Bildung, welche das Studium darstellt, das in den Schulen durchgeführt werden muß, der universale Lehrplan, der den Verstand und das Gewissen aller Menschen in einer Harmonie vereinen kann, ist es, was wir durch „Kosmische Erziehung“ beabsichtigen.

Diese Erziehung muß ihren Ausgang nehmen und sich ausbreiten von einem Zentrum, dem kosmischen Schöpfungsplan. In dieser Hinsicht ist alles, was durch die verschiedenen Kulturen hindurch entwickelt worden ist, durch verschiedene Gruppen erreicht worden ist, die Vorbereitung zu dem größten und höchsten Sieg der menschlichen Wirkkraft, die schon die Herrschaft über alle Dinge errungen hat und nun die Herrschaft über sich selbst finden muß. Sie hat eine vereinigte und allmächtige Energie vorbereitet in einer Union, welche, wenn auch unbewußt, real für alle menschlichen Individuen in einer organisierten Körperschaft da ist.

In dem universalen Lehrplan, in welchem die neuen Generationen sich all die Einzelheiten der Bildung aneignen müssen, müssen diese als verschiedene Aspekte des Wissens von der Welt und vom Kosmos verbunden werden. Astronomie, Geographie, Geologie, Biologie, Physik, Chemie sind nur Details eines Ganzen. Ihr Bezug untereinander ist das, was das Interesse von einem Zentrum bis zu seinen Ausläufern hin treibt. Daneben gibt es den anderen Part, der die Lenkung des Bewußtseins auf die Menschheit hin betrifft. Der kosmische Aufbau der menschlichen Gesellschaft muß das Zentrum des Studiums der Geschichte und der Soziologie werden. Wie sollen wir die Menschheit schätzen, wenn wir nicht vor allem ihre Verdienste, ihre schöpferischen Anstrengungen, ihren Gehorsam gegenüber den kosmischen Gesetzen betrachten, welche die Gesellschaft unbewußt zu einer tatsächlichen Union vorangetrieben hat, die heute die ganze Menschheit in entscheidender Hinsicht vereinigt?

Die neuen Generationen müssen verstehen, daß in dieser Union jeder Mensch abhängig ist von anderen Menschen und jeder zur Existenz aller beitragen muß. Wir hängen nicht länger direkt von der Natur ab, sondern von allem, was der Mensch in den verschiedenen Teilen der Welt produziert und das allen durch wechselseitigen Austausch zur Verfügung steht. Für unser materielles Leben hängen wir von dem arbeitenden Menschen ab, von dem, der für uns und für alle Notwendigkeiten des Lebens produziert. Und wir hängen genauso ab von den intellektuellen Arbeitern in jeder Einzelheit des Fortschritts, der unser Leben leichter und reicher macht. Eine unendliche Zahl von Helden hat gekämpft, um „Wissen" möglich zu machen. Alles, was wir heute lernen, hängt ab von individuellen Entdeckungen, ganz gleich, wie groß oder wie klein sie waren. Es gibt kein Detail einer geographischen Karte, das nicht Anstrengungen und Heroismus von Entdeckern erforderte, die in ihrer großen Mehrheit unbekannt blieben. Das Alphabet, die Schrift, die Mathematik, der Buchdruck und alles, was die Mittel unserer Kultur bildet, geht zurück auf eine Serie von Anstrengungen von Individuen, deren Namen in der Mehrheit der Fälle vergessen sind. Dem Menschen, immer dem Menschen, ist all das zu verdanken, was entsteht, um den Geist zu bereichern und das Leben zu erleichtern.

Eine glühende Bewunderung dieser wunderbaren Menschheit muß das grundlegende Gefühl der neuen Generationen werden. Sie müssen den Stolz und das Vorrecht empfinden, zur Menschheit zu gehören. Der Mensch muß als ein geheiligtes Wesen der Schöpfung erscheinen und als das größte Wunder der Natur; und das Gefühl der „Dankbarkeit und Liebe" für alle die Vorteile, die wir im Leben genießen, muß entstehen mit jedem Schritt in das Feld der Bildung hinein. Von keinem Gegenstand darf Gebrauch gemacht werden ohne den Gedanken, daß ein unbekannter Mensch ihn erzeugte. Das Stückchen Brot, die Handvoll Reis, das Kleid, das Haus, die Straße, die Transportmittel, alles ist uns durch Menschen gegeben worden. Ihre Anstrengungen und ihre Opfer für uns müssen immer in unserem Bewußtsein gegenwärtig sein. Die Kohle, die uns Wärme gibt, wurde aus den Eingeweiden der Erde gebrochen durch Menschen, die ihr Leben dieser harten und gefährlichen Arbeit widmeten. Alles wird gefunden, gebildet, entdeckt und transportiert durch den Menschen.

Wer in den neuen Generationen wird es wagen, den Menschen zu vernichten, das geheiligte Wesen, das für unsere Bedürfnisse sorgt wie eine wunderbare Mutter? Die Menschheit zu verletzen muß bedeuten, blind und barbarisch unwissend zu sein. Durch diese Erziehung muß die Überzeugung entstehen, daß wechselseitige Hilfe unter den Menschen die direkteste Form universalen Schutzes ist. Die Not oder die Inferiorität eines Volkes ist eine reale Gefahr für das Ganze der Menschheit, und es liegt im Interesse aller, daß die Mittel gefunden werden, diesen Bedürfnissen genugzutun und die Menschen aus ihrem Zustand der Unterlegenheit emporzuheben. Das ist im physischen Gebiet begriffen worden. Die unhygienischen Bedingungen eines einzigen Ortes sind eine Gefahr auch für diejenigen, die sich vollkommener hygienischer Bedingungen erfreuen, und man hat erkannt, daß es der beste Weg ist, sich jemandes Hilfe zu versichern, jene Verhältnisse zu bessern. Die menschliche Gesellschaft muß das Niveau eines durchschnittlichen Wohlstandes erreichen, in welchem den Lebensbedürfnissen aller Genüge geleistet werden muß.

Diese Auffassung gleicht in ihrem Ganzen der mancher Religionen. Ohne jeden Zweifel besitzt die kosmische Konzeption Affinität zu der „Einheit Gottes, des Schöpfers“, wie sie in vielen Religionen anerkannt wird. Sowohl Einheit unter den Menschen wie auch Hilfe für die Schwachen gehört zum christlichen Geist und zu dem anderer Religionen. Diese zwei Begriffe entsprechen jeder hohen Religion. Aber was in der Kosmischen Theorie hervorgehoben wird, ist nicht nur die Nützlichkeit der mitmenschlichen Hilfe, sondern die gerechte Anerkennung der Verdienste der Menschen und der Tatsache, daß wir alles ihren Anstrengungen verdanken. In Religionen wird alles, was gut ist und was wir genießen, der Gnade Gottes zugeschrieben, während im sozialen Leben vieles von dem, dessen wir uns erfreuen, dem Verdienst der Arbeit des Menschen zugerechnet werden muß. Wir mögen hier wiederholen: „Gebt Gott, was Gottes ist, und dem Menschen, was des Menschen ist.“ Es ist notwendig, dieses religiöse Gefühl der Dankbarkeit, das Gott entgegengebracht wurde, auch gegenüber dem Menschen zu erwecken. Religiöse Achtung vor der geheiligten Menschheit als dem wirkenden Austeiler des Segens Gottes muß in den kommenden Generationen erweckt werden. Und das Vergehen gegen menschliches Leben muß als ein Sakrileg empfunden werden. Wenn es nicht so geschieht, wird uns der „Zorn Gottes" immer wieder in der Gestalt vernichtender Kriege heimsuchen, weil wir den Menschen, den geheiligten Fürsorger unser aller gemeinsamen Wohls, mißachtet haben.

II. Menschliche Potentialität und Erziehung

EINLEITUNG DER HERAUSGEBER

Maria Montessori hat ihre Erziehungsarbeit nicht mit einem fertigen pädagogischen Konzept begonnen. Sie stellte sich vielmehr den Aufgaben, wie sie in den Lebensumständen an sie herantraten. So hatte sie als junge Ärztin zunächst die Betreuung schwachsinniger Kinder in der Universitäts-Nervenklinik in Rom wahrgenommen. Später folgte sie dem Ruf nach San Lorenzo zu den normalen Vorschulkindern des Arbeiterviertels und gründete ihr „Kinderhaus". Aber auch dort verharrte sie nicht, sondern ließ sich von den Bedürfnissen der älter werdenden Kinder und dem Drängen der Eltern zur Fortsetzung ihrer Arbeit ins Schulalter hinein anregen.

Mit der Zeit wurden ihr die Unterschiede in den psychischen Strukturen der Kinder von sechs bis zwölf Jahren (im Vergleich zu den Vorschulkindern) immer deutlicher. Sie entdeckte die besonderen Sensibilitäten dieses Alters: Das Verlangen, sich einen erweiterten Lebensraum zu erobern, sich in einer Gruppe kooperativ zusammenzuschließen und dabei zugleich das eigene Handeln und das der anderen unter ethischen Wertkategorien zu betrachten. Sie erkannte die besondere Bildungsbedeutsamkeit der „extrovertierenden Intelligenz" dieses Alters für den Erwerb von Bildung als Verstehen von Kultur in all ihren Aspekten. Soll das nicht zur Zersplitterung des Weltganzen und einer Verwirrung der Persönlichkeit führen, muß hier ein einendes Band, eine „zentrale Idee" – wie Montessori selbst sagt – gefunden werden.

Die ältere Montessori glaubt, diese Idee in einer Zusammenschau von Welt und Mensch im allumfassenden Universum gefunden zu haben, das als Schöpfung einen Gesamtsinn und ein Ziel in sich trägt, hingeordnet auf den Menschen als ihren Sachwalter und als berufenen Gestalter einer Friedensordnung unter den Menschen.

Den Anstoß zu dieser Vision scheint Montessori empfangen zu haben durch das Werk ihres Onkels, des Priesters und Naturwissenschaftlers (Geologen) Antonio Stoppani. In seinem Buch „Acqua ed Aria"[10] *hatte dieser eine Entwicklungsgeschichte der Erde von ihren Anfängen bis zum Erscheinen des Menschen in sehr anschaulicher, vielfach anthropomorpher Darstellung und in teleologischer Deutung vorgelegt. Seine Spuren lassen sich im Werk Montessoris vielfältig nachweisen.*

Montessori machte die Erfahrung, daß Kinder der Altersstufe von sechs bis zwölf für solche anschaulichen Visionen von Natur- und Geschichtsereignissen höchst aufgeschlossen sind. Sie können auch die Form von „Mythen oder Märchen" haben, sagt sie, sofern dahinter nur reale „Wahrheiten der Natur" und Geschichte stehen und nicht lediglich „völlig phantastische" Erfindungen. Mit ihrer Vorstellungskraft vermögen die Kinder nach Montessori solche Bilder aufzusaugen, auf ihrer Basis Details differenziert zu erfassen und dann in größere Zusammenhänge wieder einzuordnen. Ein entsprechendes didaktisch-methodisches Programm haben Montessori und ihre Mitarbeiter und Anhänger in der zweiten Hälfte der dreißiger und in den vierziger Jahren ausgearbeitet. Nachrichten darüber wurden aber durch den Zweiten Weltkrieg und Montessoris langen Aufenthalt in Indien verzögert. Einer weiteren Öffentlichkeit wurden diese Bemühungen erst durch das 1948 von Georgette Bernard herausgebrachte Buch „De l'enfant à l'adolescent" bekannt. Im gleichen Jahr erschien in Indien die Schrift „To educate the human po-

---

[10] Antonio Stoppani, Acqua ed Aria (ossia la purezza del mare e dell'atmosfera fin dai primordi del mondo animato), Nuova edizione per cura di Alessandro Malladra, Torino (o. J.) Die 1. Auflage dieses Buches erschien unter der jetzt als Untertitel fungierenden Überschrift. Da M. Montessori das Buch aber immer unter dem Kurztitel „Acqua ed Aria" zitiert, schließen wir uns dem an (d. Hrsg.).

tential", deren deutsche Übersetzung hier vorgelegt wird. Sie stellt das pädagogische Programm für das Alter von sechs bis zwölf Jahren in breiterer Weise vor, wie Montessori es dort während des Zweiten Weltkrieges in Vorträgen eines Ausbildungskurses für die Montessori-Grundschule entfaltet hatte. Es handelte sich um den Advanced Montessori Course 1943-44 in Kodaikanal.

In der Einleitung dieses Buches gibt Montessori selbst einen Überblick über seine Gliederung. Die ersten vier Kapitel behandeln die Psychologie der Altersstufe von sechs bis zwölf Jahren mit ihren Besonderheiten in der Sicht Montessoris. In den folgenden acht Abschnitten wird die Geschichte der Erde dargestellt, wie sie Kindern dieser Altersstufe vermittelt werden kann. Es folgen Kapitel mit dem Versuch einer Übersicht über die frühen Kulturen von Ägypten bis zu Griechenland und Rom. Für diese geschichtlichen Prozesse scheint Montessori nicht einen ebenso kompetenten literarischen Gewährsmann gefunden zu haben, wie er ihr in Stoppani hinsichtlich der Geologie gegeben war.[11] *In den beiden letzten Abschnitten erfolgt noch einmal eine Rückwendung zu im engeren Sinne pädagogischen Fragen, wobei jetzt die Position und besondere Funktion des Lehrers in diesem Erziehungsprogramm aufgezeigt wird.*

Zu den fachwissenschaftlichen Details, die sich ja auf ältere Forschungsstände beziehen, nehmen die Herausgeber nicht Stellung.

Die Übersetzung mußte sich natürlich an die englisch-indische Erstedition halten. Dieser Text ist – wie ersichtlich – erst Jahre nach den Vorträgen erschienen. Die Vorlesungen von Kodaikanal waren italienisch gehalten und von Montessoris Sohn Mario M. Montessori passagenweise ins Englische übersetzt worden. Die Mitschrift der mündlichen englischen Wiedergabe hatte die Inderin Mrs. Tehmi Pandey besorgt. Diese Niederschrift hat textlich schätzungsweise den vierfachen Umfang der späteren gedruckten Zusammenstellung von 1948.

---

[11] Es besteht Anlaß zu der Vermutung, daß Montessori sich hier u.a. auf Schriften von H. G. Wells gestützt hat. Die weniger gewichtigen Abschnitte sind im Sinne der Editionsbedingungen gekürzt wiedergegeben; s. Anm. 25 (S. 101).

Bei der Übersetzung und Bearbeitung war die Mitwirkung Mario M. Montessoris unentbehrlich, und sie ist unübersehbar. Ohne ihn war Maria Montessori sprachlich in Indien isoliert, da sie außer dem Italienischen nur das Französische voll beherrschte.

Die Herausgeber haben Frau Ada Montessori (Baarn) und Herrn Mario Montessori jun. (Amsterdam) sehr für viele Informationen zu danken, u. a. für die Gelegenheit eines Einblicks in den Text der ursprünglichen Mitschrift von Kodaikanal. Sie ermöglichte verschiedene Anmerkungen zu interessanten Vergleichsstellen.

Wie überall im Werke Montessoris begegnet man auch in der vorliegenden Schrift charakterisch montessorischen Widersprüchen: So findet sie etwa neben dem an Determinismus gemahnenden Vergleich biologischer Entwicklung mit historischen Prozessen schöne Worte über die Unvergleichlichkeit des Menschen gegenüber allen anderen unbeseelten und beseelten Geschöpfen.

Die offensichtlichen „theoretischen" Spannungen im Gesamtwerk Montessoris sind schon oft erwähnt worden. In diesem Zusammenhang sollte aber noch einmal auf das vorrangige Verdienst und wirkliche „Eigengut" Montessoris hingewiesen werden, das in der hellsichtigen Beobachtung und Auswertung anthropologisch-pädagogisch bedeutsamer Phänomene beim Menschenkind liegt, insbesondere des frühen Kindesalters. Ganz abgesehen von der Problematik der Entstehung der Schriften (vielfach aus Reden und unter manchmal nicht ganz klaren literarischen Abstützungen) ist deswegen die durchschlagende Wirkung der Montessori-Pädagogik ohne die Praxis und die in ihr realisierte pädagogische Grundhaltung nicht verständlich.

Zweifellos besitzen die praktischen Hinweise wie die Grundintention des Textes „Menschliche Potentialität und Erziehung" hohe Aktualität: Daß der Mensch die Einheit des Kosmos erkenne und die ihm zugeteilte Aufgabe darin bejahe. Ebenso wie Montessoris andere Bücher weist auch dieser späte Text wieder auf den Vorrang des Dienstes hin. Was sie von dem „Lehrmeister", dem Kind, für die Erziehung gelernt hat, sagt sie nun vom Menschen in Schöpfung und Geschichte überhaupt: „Die wahrhaft Großen sind demütig." (S. 88)

MENSCHLICHE POTENTIALITÄT UND ERZIEHUNG

(M. Montessori, To educate the human potential, Adyar-Madras 1948; aus dem Engl. übersetzt von G. Schulz-Benesch)

(1) *Einführung*

Dieses Buch ist eine Fortsetzung von „Erziehung für eine neue Welt“ [12] und will den Erziehern helfen, die Bedürfnisse des Kindes über sechs Jahre zu verstehen. Wir behaupten, daß der Durchschnittsjunge, das Durchschnittsmädchen von zwölf Jahren, die bis dahin eine unserer Schulen besucht haben, mindestens so viel wissen, wie das einige Jahre ältere „fertige Sekundarschulprodukt“ und daß dies nicht auf Kosten leiblicher oder geistiger Leiden oder Schädigungen erreicht wurde. Vielmehr sind unsere Schüler in ihrem ganzen Wesen für das Abenteuer des Lebens ausgerüstet, gewöhnt an die freie Übung des Willens und des Urteils, erhellt von Phantasie und Begeisterung. Nur solche Schüler können auf rechte Weise die Pflichten von Bürgern in einem zivilisierten Gemeinwesen ausüben.

Die ersten vier Kapitel behandeln hauptsächlich die psychologische Seite und zeigen die veränderte Persönlichkeit, mit der es der Lehrer beim sechsjährigen Kinde zu tun hat, und die Notwendigkeit eines entsprechenden Wandels der Methode. Das Geheimnis des Erfolgs liegt in dem richtigen Gebrauch der Phantasie, um Interesse zu wecken, und der Anregung von Interessenskeimen, die bereits durch attraktives literarisches und veranschaulichendes Material gesät worden sind; aber alle bezogen auf eine zentrale Idee von höchst veredelnder Inspiration: Den „Kosmischen Plan“, in welchem alle bewußt oder

[12] Maria Montessori, Education for a new world, Adyar-Madras 1946 (Texte nach einem vorangegangenen Kursus für das Kinderhausalter [3-6 Jahre] in Indien)

unbewußt dem großen Zweck des Lebens dienen. Es wird gezeigt, wie die Vorstellung der Evolution durch neuere geologische und biologische Entdeckungen modifiziert worden ist, so daß unter den primären natürlichen Impulsen die Selbstvervollkommnung den ersten Platz nun an das Dienen abtritt.

Die nächsten acht Kapitel zeigen, wie der kosmische Plan dem Kind vorgestellt werden kann: als eine packende Geschichte der Erde, auf der wir leben; ihrer vielen Wandlungen durch lange Zeitalter hindurch, als das Wasser der Hauptarbeiter der Natur zur Erfüllung ihrer Absichten war; wie Land und Meer um die Vorherrschaft kämpften und wie das Gleichgewicht der Elemente erreicht wurde, damit das Leben auf der Bühne erscheinen und seine Rolle in dem großen Drama spielen konnte. Veranschaulicht durch faszinierende Karten und graphische Darstellungen entfaltet sich die Schöpfung der Erde, wie wir sie heute kennen; und immer wird die Funktion betont, die jeder im Haushalt der Natur Wirkende – sei es bewußt oder unbewußt – auszuführen hat, soll er nicht untergehen. So geht diese Geschichte weiter, bis der altsteinzeitliche Mensch erscheint, der viel deutlicher durch die Werkzeuge, die er in seiner Umgebung benutzt, nachgewiesen ist als durch die leiblichen Überreste eines so schwachen Geschöpfes. Das neue Element des Geistes ist durch den Menschen der Schöpfung zugebracht worden; und von diesem Punkt an werden die Kinder geleitet, die große Beschleunigung zu erkennen, die nun in der Entwicklung stattfindet. Sie lernen, mit Ehrfurcht diese frühesten Pioniere zu betrachten, die sich abmühten, ihnen unbekannte Ziele zu erreichen, Ziele, die wir nun erkennen. Nomaden und Seßhafte trugen gleicherweise zur Entstehung früher Gemeinwesen bei; und durch den Wechsel von Krieg und Frieden vermittelten und verbreiteten sie deren soziale Annehmlichkeiten.

Im Anschluß daran werden kurze Beschreibungen einiger der frühesten Kulturen geboten; dabei wird der Blick besonders auf ihre wechselseitigen Einwirkungen gerichtet, um zu zeigen, wie die menschliche Gesellschaft sich langsam zur Einheit hin organisiert, gerade so, wie sich beim menschlichen Individuum Organe rings um getrennte Zentren von Bedeutung bilden, um später vom System des Blutkreislaufs und der Nerven zu einem integrierten menschlichen Organismus verbunden zu werden. So wird das Kind durch den Rückblick auf einige der spannendsten Epochen der Weltgeschichte dahin geführt zu sehen, daß jene ferne Menschheit sich in einem embryonalen Zustand befunden hat, und daß sie eben jetzt zur wahren Geburt gelangt, nämlich bewußt ihre wahre Einheit und Aufgabe zu realisieren.

Die letzten Kapitel wenden sich wieder dem psychologischen Gesichtspunkt zu. Sie stellen eindringlich den Erziehern die überragende Bedeutung vor, die ihre Aufgabe für ihre Nation und für die Welt besitzt. Der Lehrer sollte nicht im Dienst irgendeines politischen oder sozialen Glaubensbekenntnisses arbeiten, sondern im Dienst des Menschenwesens in seiner Ganzheit; er sollte fähig sein, in Freiheit und Selbstdisziplin Willen und Urteil zu gebrauchen, unbeirrt von Vorurteil und Furcht.

(2) *Das sechsjährige Kind und der „Kosmische Plan"*

Die Erziehung der Kinder im Alter zwischen sechs und zwölf Jahren ist keine direkte Fortsetzung dessen, was vorher erfolgt ist, obwohl sie auf dieser Basis aufbauen muß. Psychologisch erfolgt eine entschiedene Veränderung in der Persönlichkeit. Wir erkennen, daß die Natur diese Periode für den Erwerb von Bildung vorsieht, gerade so wie die vorangegangene auf die Absorbierung der Umgebung gerichtet war. Wir stehen einer beträchtlichen Entwicklung des Bewußtseins gegenüber, das schon da war, sich aber nun mit extrovertierender Intelligenz deutlich nach außen richtet. Und das Kind zeigt ein ungewöhnliches Verlangen, die Ursachen der Dinge zu erkennen. Wissen kann am besten vermittelt werden, wo Lernbegierde ist. Deshalb ist dies die Periode, in der die Saat von allem gesät werden kann und der Geist des Kindes wie ein fruchtbares Feld bereit liegt zu empfangen, was zur Bildung keimen will. Wird aber der Geist des Kindes während dieser Periode vernachlässigt oder in seinen vitalen Bedürfnissen frustriert, so wird er unnatürlich abgestumpft und widersteht fortan der Wissensvermittlung. Das Interesse ist vergangen, wenn der Same zu spät gesät wird. Aber im Alter von sechs Jahren werden alle Einzelheiten der Kultur begeistert aufgenommen; und später werden diese Samen sich ausdehnen und wachsen. Wenn ich gefragt werde, wie viele Samen gesät werden sollen, ist meine Antwort: „So viele wie möglich!" Wenn wir um uns herum die kulturelle Entfaltung unserer Entwicklungsepoche betrachten, sehen wir keine Grenze für das Angebot an das Kind: Ein ungeheures Feld für gewählte Aktivität liegt vor ihm, und es sollte nicht durch Unwissenheit behindert werden. Aber das Ganze der modernen Kultur dem Kind zu vermitteln, ist zur Unmöglichkeit geworden. So ergibt sich die Notwendigkeit einer besonderen Methode, durch die alle Faktoren der Kultur dem Sechsjährigen vorgestellt werden können, nicht in einem ihm aufgezwungenen Lehrplan oder mit aller Detailgenauigkeit, sondern in dem breitwürfigen Säen einer Höchstzahl von Interessenssamen. Diese werden leicht im Geist festgehalten, aber späterer Keimung fähig sein, wenn der Wille mehr die Leitung übernimmt. Und so kann das Kind zu einem dieser Epoche der Ausweitung entsprechenden Individuum werden.

Ein zweiter Aspekt der Erziehung in diesem Alter betrifft die Erkundung des sittlichen Bereichs durch das Kind, die Unterscheidung von Gut und Böse. Es nimmt nicht mehr unbefangen die Eindrücke auf, begnügt sich nicht mehr, Fakten einfach zu akzeptieren, sondern möchte von sich aus verstehen. Während die sittliche Aktivität sich entwickelt, möchte das Kind sein eigenes Urteil gebrauchen, das sich oft völlig von dem seiner Lehrer unterscheidet. Es ist nichts schwieriger, als ein Kind dieses Alters sittliche Werte zu lehren. Es gibt unmittelbar schlagfertige Antworten zu allem, was wir sagen, und ist ein Rebell geworden. Oft fühlen sich die Mütter verletzt, weil ihre Kinder – vorher ganz Liebe und Zuneigung – nun impertinent und tyrannisch geworden sind. Ein innerer Wandel hat sich ereignet. Aber die Natur ist ganz logisch, indem sie nun im Kind nicht nur einen Hunger nach Wissen und Verstehen erweckt, sondern auch einen Anspruch auf geistige Unabhängigkeit, das Verlangen, aus eigenen Kräften Gut und Böse zu unterscheiden und autoritäre Einengung übelzunehmen. Im moralischen Bereich braucht das Kind nun sein eigenes inneres Licht.

Eine dritte interessante Tatsache, die man beim Kind von sechs Jahren beobachten kann, ist sein Bedürfnis, sich mit anderen zusammenzuschließen, und zwar nicht um der bloßen Geselligkeit willen, sondern zu einer Art organisierter Aktivität. Es verkehrt gerne mit Kindern in einer Gruppe, in der jedes eine andere Stellung einnimmt. Man wählt einen Führer, ist ihm gehorsam, so daß sich eine starke Gruppe bildet. Das ist eine natürliche Tendenz, durch welche die Menschheit zur Organisation gelangt. Wenn dem Kind in dieser Periode von Sozialinteresse und Geistesschärfe alle Bildungsmöglichkeiten eröffnet werden, seine Sicht und Vorstellung von der Welt zu erweitern, wird diese Organisation sich bilden und entwickeln; alle Helle, die ein Kind im sittlichen Bereich gewonnen und die hohen Vorstellungen, die es sich gebildet hat, werden für die Zwecke sozialer Organisation in einem späteren Stadium nützlich werden.

Gleichwohl sind alle anderen Faktoren unbedeutend verglichen mit der Wichtigkeit der Aufgabe, die hungrige Intelligenz zu speisen und der Forschungsbegierde die weiten Felder des Wissens zu eröffnen. Wenn wir uns ohne irgendeine Methode an diese Aufgabe machen, wird sie uns ganz unlösbar erscheinen. Aber wir sind bereits im Besitz des Geheimnisses, durch das das Problem gelöst werden kann: Das Kind selbst hat uns in seinen früheren Jahren in dieses Geheimnis eingeführt. Wir sind dem Kind nicht unbekannt und es nicht uns, und wir haben von ihm bestimmte fundamentale psychologische Prinzipien gelernt. Eines davon ist, daß das Kind mittels seiner eigenen individuellen Aktivität lernen muß; und zwar in der zugestandenen geistigen Freiheit zu nehmen, was es benötigt und ohne Erörterung seiner Wahl. Unser Lehren darf nur auf die geistigen Bedürfnisse des Kindes antworten, niemals vorschreiben. So wie ein kleines Kind nicht stillhalten kann, weil es das Bedürfnis hat, seine Bewegungen zu koordinieren, so ist das ältere Kind mit seiner lästig scheinenden Neugier nach dem Was, Warum und Woher aller Dinge, die es sieht, dabei, seinen Verstand durch seine geistige Aktivität aufzubauen; und es muß ihm ein weites Feld der Bildung zu seiner Ernährung geboten werden. Die Aufgabe des Unterrichtens wird insofern leicht, als wir nicht wählen müssen, was wir lehren sollen, sondern dem Kind alles für die Befriedigung seines geistigen Verlangens zur Verfügung stellen. Es muß absolute Wahlfreiheit[13] haben, dann verlangt es nichts als die wiederholten Erfahrungen, die während des Erwerbs des gewünschten Wissens zunehmend durch Interesse und ernste Aufmerksamkeit gekennzeichnet sind.

Das sechsjährige Kind, das in einem Montessori-Kinderhaus gewesen ist, hat den Vorteil, nicht so unwissend zu sein wie das Kind, das dieser Erfahrung entbehrt. Es kann lesen und schreiben, hat Interesse an Mathematik, Naturwissenschaft, Geographie und Geschichte, und so kann man es leicht in jeden weiteren Wissensbereich einführen. Der Lehrer steht einem Individuum gegenüber, das schon die Grundlage der Bildung erworben hat, und begierig ist, auf ihr aufzubauen, zu lernen und tiefer in jeden Gegenstand des Interesses einzudringen. Wie klar liegt dann der Weg vor dem Lehrer. Es scheint fast, als hätte er gar nichts zu tun! Aber das ist nicht so: die Aufgabe des Lehrers ist nicht klein oder leicht! Er hat eine riesige Wissens-

[13] Montessori relativiert diese „Absolutheit" an anderer Stelle selbst: „Wesentliche Bedingung ist: die Freiheit zu handeln in einer vorbereiteten Umgebung." (S. 54)

menge zuzubereiten, um den geistigen Hunger des Kindes zu stillen, und er ist dabei nicht wie der gewöhnliche Lehrer durch einen Lehrplan eingeschränkt, der ihm das Maß jedes in einer bestimmten Zeit vermittelten Stoffes vorschreibt, das auf keinen Fall überschritten werden darf. Es ist sichtlich schwieriger, den Bedürfnissen des Kindes zu entsprechen, und der Lehrer kann sich nicht mehr hinter Lehrplan und Stundentafel verstekken. Er hat selbst eine angemessene Vertrautheit mit jedem Gegenstand zu erwerben, und auch dann wird er nur die äußere Schale des Problems durchdrungen haben. Aber er mag Mut fassen, denn er wird nicht ohne Hilfe, ohne fachkundig erdachten und erprobten Plan sein.

Weil die Notwendigkeit ersichtlich ist, dem Kind so viel anzubieten, wollen wir ihm eine Vision des ganzen Universums geben. Das Universum ist eine eindrucksvolle Wirklichkeit und eine Antwort auf alle Fragen. Wir werden gemeinsam diesen Pfad des Lebens beschreiten, denn alle Dinge sind Teil des Universums und miteinander verbunden, um eine große Einheit zu bilden. Diese Vorstellung hilft dem Geist des Kindes, sich zu festigen und zielloses Schweifen auf der Suche nach Wissen zu beenden. Das Kind ist befriedigt, wenn es das universale Zentrum seiner selbst und aller Dinge entdeckt hat.

Es ist gewiß notwendig, das Interesse des Kindes zu zentralisieren, aber die heute üblichen Methoden sind nicht wirksam zu diesem Zweck. Wie kann der Geist eines wachsenden Individuums interessiert bleiben, wenn all unser Unterrichten mit begrenztem Ziel um einen Einzelgegenstand kreist und auf die Übermittlung solch enger Detailkenntnisse, die es auswendiglernen kann, beschränkt ist? Wie können wir das Kind zwingen, interessiert zu sein, wenn Interesse nur von innen her erwachen kann? Nur Pflicht und Mühsal können von außen bewirkt werden, niemals aber Interesse! Das muß ganz klar sein.

Wird dem Kind die Vorstellung vom Universum in der richtigen Weise dargeboten, so wird sie in ihm mehr als nur das Erwachen des Interesses bewirken, es wird in ihm Bewunderung und Staunen hervorrufen, ein erhabeneres und erfüllenderes Empfinden als jedes Interesse. Der Geist des Kindes wird nicht länger umherwandern, er festigt sich und kann arbeiten. Das Wissen, das es nun erwirbt, ist organisiert und systematisch; seine Intelligenz entwickelt sich voll und ganzheitlich durch das ihm gebotene Bild des Ganzen; und sein Interesse wendet sich allen Dingen zu, denn alle sind sie verbunden und haben ihren Platz im Universum, das im Mittelpunkt seines Denkens steht. Die Sterne, die Erde, die Gesteine, alle Formen des Lebens bilden in enger Beziehung untereinander ein Ganzes; und so eng ist diese Beziehung, daß wir keinen Stein begreifen können, ohne etwas von der großen Sonne zu begreifen! Keinen Gegenstand, den wir berühren, ein Atom oder eine Zelle, können wir erklären ohne Kenntnis des großen Universums [14]. Welche bessere Antwort können wir diesen Wissensdurstigen geben? Es wird sogar zweifelhaft, ob ihnen das Universum genug ist. Wie ist es entstanden, und wie wird es enden? Es erwacht immer größere Neugier, die nie gesättigt werden kann. Sie wird ein Leben lang andauern. Die Gesetze, die das Universum regieren, können dem Kind interessant und wunderbar gemacht werden, interessanter sogar als die Dinge an sich, und so beginnt es zu fragen: Was bin ich? Was ist die Aufgabe des Menschen in diesem wunderbaren All? Leben wir wirklich nur für uns hier, oder gibt es mehr für uns zu tun? Warum streiten und kämpfen wir? Was ist gut und böse? Wo wird das alles enden?

Dieses Programm der „Kosmischen Erziehung“ als Grundstein der Schulerziehung wurde zuerst 1935 in England [15] vor-

---

[14] Hier z.B. wird die starke Anlehnung Montessoris an Stoppani über Fakten und Daten hinaus deutlich, wenn wir bei ihm lesen: „Wenn ich dem Universum ein Atom entnehme und es frage: Was stellst du dar?, so antwortet es mir: ‚Das Gleichgewicht des Universums.‘ – Wenn ich also jenes Atom verstehen will, bin ich verpflichtet, jenes ganze System des Universums zu entwickeln.“ A. Stoppani, a.a.O., S. 74.

[15] Vacation Course 1935, London, Swedenborg Hall (Information von Frau Ada Montessori); vgl. inhaltlich den oben abgedruckten Vortrag über die Stel-

gelegt und hat sich schon als der einzige Weg erwiesen, auf dem wir trittsicher zu weiteren pädagogischen Untersuchungen voranschreiten können. Es kann sicher nicht bei völlig analphabetischen oder unwissenden Kindern angewandt werden, wird jedoch mit Freude von dem Kind aufgenommen, das im Montessori-Kinderhaus schon indirekt darauf vorbereitet worden ist. Genaugenommen handelt es sich nicht um einen neuen Gedanken, denn es war immer das natürliche Verfahren, wo es Erziehung im wahren Sinne des Wortes gegeben hat. Obwohl dies neuerdings außer Gebrauch geraten ist, lehrte man danach die Kinder zuerst die Erschaffung der Welt und die Stellung des Menschen in ihr, soweit diese Fragen im Licht von Religion und Philosophie beantwortet werden konnten. Die Antwort war immer, wie sie heute noch ist: „Gott hat dich auf die Erde gesandt, um zu arbeiten und deine Pflicht zu erfüllen!“ Dieser Grundsatz kann jedoch heute – wissenschaftlich entfaltet – noch viel anziehender gemacht werden.

(3) *Der richtige Gebrauch der Einbildungskraft*[16]

Das sechs Jahre alte Kind, das aus einem Montessori-Kinderhaus kommt und für das vor allem dieser weiterführende Kurs erdacht wurde, ist schon von vielen Bildungsinteressen besessen und legt eine tiefe Leidenschaft für Ordnung und sogar für die Mathematik an den Tag, die so oft als ein Hindernis für das durchschnittliche Kind angesehen wird. Darüber hinaus wird seine Hand schon durch den Geist so kontrolliert, beherrscht

---

lung des Menschen in der Schöpfung, 1935, London, Convent of the Assumption.

[16] Montessori bevorzugt nach dem englischen Text ‚imagination‘ = Einbildungskraft, Phantasie, Vorstellung(-skraft). Die deutsche Übersetzung verfährt unter Berücksichtigung sprachlicher Gesichtspunkte und sachlichen Zusammenhangs flexibel.

und geleitet, daß sie zu minuziösen Bewegungen imstande ist. Die in unseren ersten Schulen ausgeführte praktische Arbeit fand solche öffentliche Anerkennung, daß unsere wissenschaftlich begründeten Übungen für die Hand weithin von Schulen übernommen wurden, die im Bezug auf die meisten Aspekte der Erziehung anderen Methoden anhingen. In dieser fortgeschrittenen Periode bieten wir weiterhin den Kindern die Gelegenheit, durch die Aktivität der Hand zu lernen, besonders in der Mechanik und in der Physik. Zum Beispiel lernen die Kinder die Gesetze von Druck und Spannung, indem sie aufgefordert werden, einen Bogen aus Steinen zu errichten, die so gesetzt sind, daß sie ohne Zement zusammenhalten. Indem sie Brücken, Flugzeuge, Eisenbahnen (die Kurven berechnend) bauen, werden sie, wo immer unsere Methode mit voller Ausstattung richtig angewandt wird, mit den Prinzipien der Statik und Dynamik – gleichsam als Teil der täglichen Schulroutine – vertraut. Wo immer es möglich ist, werden mechanische Vorrichtungen für alle Einzelheiten des praktischen Lebens eingeführt, damit unsere Kinder befähigt werden, in einer ganz auf Maschinen gegründeten Zivilisation mitzuleben.

Bei der Übernahme dieses Teils unserer Methode sind einige moderne Schulen, besonders in den Vereinigten Staaten, zu weit gegangen, so daß Kinder dieses intellektuellen Entwicklungsstadiums veranlaßt wurden, sich nur noch mit diesen für die Förderung ihrer Intelligenz erdachten Maschinen zu beschäftigen. In solchen Schulen ist zusammen mit den Maschinen auch Freiheit eingezogen: die Kinder dürfen ihre Arbeit wählen. So weit, so gut. Aber alles, was nicht auf diese Weise gelernt werden kann, wie Mathematik und andere abstrakte Gegenstände, ist als unbedeutend und nebensächlich ausgeschlossen und wird als jenseits der kindlichen Verständnismöglichkeit mittels freier und spontaner Aktivität betrachtet. Diese auf praktischer Tätigkeit basierenden Schulen stehen im Gegensatz zu den sogenannten „altmodischen“ Schulen, wo hauptsächlich abstrakte Stoffe gelehrt und Tatsachen memoriert werden. Wir aber treten beiden gleicherweise entgegen.

Die Persönlichkeit ist eine, und sie ist unteilbar, und alle geistigen Anlagen hängen von einem Zentrum ab. Dies ist das Geheimnis, das das kleine Kind selbst uns offenbart hat, indem es Tätigkeiten ausführte, die weit über unsere Träume und Erwartungen in allen Gebieten – die intellektuellen und abstrakten eingeschlossen – hinausgingen; vorausgesetzt, der Hand des Kindes wurde erlaubt, Seite an Seite mit der Intelligenz zu arbeiten. Kinder zeigen eine große Neigung zu den abstrakten Gegenständen, wenn sie zu ihnen durch manuelle Tätigkeit gelangen können. Sie schreiten in für sie bisher als unzugänglich angesehene Wissensgebiete voran, wie Grammatik und Mathematik. Ich frage mich, wie die Theorie entstanden ist, daß die Arbeit mit der Hand einem ungebildeten Geist und ein gebildeter Geist einer manuellen Hilflosigkeit entsprechen müsse! Muß ein Mensch als Arbeiter mit dem Kopf oder mit den Händen klassifiziert werden, statt mit seiner ganzen Personalität handeln zu dürfen? Wo steckt die Logik in der Ansicht, daß einseitige Entwicklung nützlich für das Ganze sein kann? Heutzutage diskutieren hochberühmte Leute, die ihr Leben der Aufgabe der Erziehung gewidmet haben, ernsthaft, was zu bevorzugen sei: die praktische Methode oder eine intellektuelle Disziplin. Aber uns haben die Kinder selbst gezeigt, daß Disziplin sich nur aus einer ganzheitlichen Entwicklung ergibt: geistige Arbeit, unterstützt durch manuelle Aktivität. Erlaubt dem Ganzen, zusammen zu wirken, und Disziplin ist da – und anders nicht! Stämme, Gruppen, Völker sind das Ergebnis solcher spontanen Disziplin und Gesellung. Es besteht nur ein Problem, und das ist die menschliche Entwicklung in ihrer Ganzheit; ist sie einmal in irgendeiner Einheit erreicht – handele es sich um ein Kind oder eine Nation – folgt alles andere spontan und einträchtig.

Wenn wir also überzeugt sind, daß die ganze Persönlichkeit des Kindes beansprucht werden muß und daß eine Zentrierung durch den kosmischen Gedanken geboten ist, erhebt sich die Frage, wie und wann diese Idee vorgestellt werden soll. Von den kleineren Kindern haben wir die Wirksamkeit einer indirekten Methode gelernt, zum Beispiel, wenn wir ältere Kinder in ihrer Gegenwart ansprachen; denn in unseren Schulen sind in gewissen Grenzen Kinder verschiedenen Lebensalters gemischt. Wenn wir versuchen, den älteren Kindern irgendetwas zu zeigen, drängen sich die jüngeren voller Interesse ringsherum. So zeigte etwa ein kleines Sechsjähriges dieses Interesse in besonderer Weise angesichts einer Karte, die das Größenverhältnis von Sonne und Erde durch Globus und Punkt veranschaulichte. Die jüngeren Kinder wurden durch die Vorstellung, die das in ihnen hervorrief, gepackt und konnten sich nicht losreißen, während die älteren Kinder, für die die Unterweisung gedacht war, die Sache eher alltäglich fanden und etwas anderes brauchten, wenn in ihnen ähnliches Interesse geweckt werden sollte. Es besteht ein Unterschied zwischen solcher Begeisterung und bloßem Verstehen. Der Punkt und die Kugel hatten die Phantasie des jüngeren Kindes angestoßen und es mit Begeisterung für etwas außerhalb seiner bisherigen Grenzen erfüllt, etwas was nicht zu seiner physischen Umgebung gehörte, was es nicht mit der Hand ergreifen konnte. Wenn ferner diese spezielle Illustration das ältere Kind unbewegt ließ, bedeutete das nicht, daß nichts in gleicher Weise die Kraft hätte, seine Phantasie zu treffen, es aus seiner kleinen Welt in größere Reiche zu tragen und mit großen Schritten in das unbekannte Universum zu führen; aber es konnte zu solchen Wundern und Geheimnissen nicht ohne Hilfe gelangen. Gerade auf diesem Weg der höheren Wirklichkeiten, die durch die Phantasie erfaßt werden können, wird das Kind im Alter zwischen sechs und zwölf Jahren geleitet. Die Vision durch die Vorstellungskraft ist etwas ganz anderes als die bloße Wahrnehmung eines Gegenstandes, da sie keine Grenzen hat. Die Phantasie kann nicht nur durch unendlichen Raum reisen, sondern auch durch unendliche Zeit; wir können durch die Zeitalter zurückgehen und das Bild der Erde vor Augen haben, wie sie war, und mit allen Geschöpfen, die sie bewohnten. Um festzustellen, ob ein Kind verstanden hat oder nicht, müßten wir sehen, ob es sich in seinem Geist eine Vorstellung bilden kann, ob es über die Stufe bloßen Verstehens hinausgeschritten ist.

Das menschliche Bewußtsein tritt wie ein glühender Ball der Phantasie in die Welt. Alles, was Menschen erfunden haben, Materielles wie Geistiges, ist die Frucht der Phantasie eines Menschen. Beim Studium der Geschichte oder der Geographie sind wir hilflos ohne die Phantasie; und wenn wir dem Kind das Universum nahebringen wollen, was anders als die Phantasie kann uns dabei helfen? Ich betrachte es als ein Verbrechen, solche Gegenstände, die edle und schöpferische Hilfen für die Vorstellungskraft sein können, in einer solchen Weise vorzutragen, als verleugne man den Gebrauch der Phantasie, und dann auf der anderen Seite vom Kinde zu verlangen, auswendig zu lernen, was es sich nicht vorstellen kann. Diese Gegenstände müssen so dargestellt werden, daß sie die Phantasie des Kindes anstoßen und seine Begeisterung wecken. Und dann muß neuer Brennstoff dem hinzugefügt werden, der schon Feuer gefangen hat und brennt.

Das Geheimnis guten Unterrichts liegt darin, die Intelligenz des Kindes als ein fruchtbares Feld zu betrachten, auf das Saat gestreut werden kann, damit sie unter der flammenden Wärme der Phantasie wachse. Daher ist es unser Ziel, das Kind nicht nur zum bloßen Verstehen zu führen, und noch weniger, es zum Auswendiglernen zu zwingen, sondern seine Phantasie anzustoßen, so daß es sich zutiefst begeistert. Wir wollen keine selbstzufriedenen Schüler, sondern leidenschaftliche; wir trachten, lieber Leben in das Kind zu säen als Theorien und ihm bei seiner geistigen, emotionalen wie auch physischen Entwicklung zu helfen. Dazu müssen wir dem menschlichen Geist große und erhabene Ideen anbieten, dem Geist, der immer bereit ist, sie zu empfangen, und immer mehr verlangt.

Die Pädagogen stimmen im allgemeinen darin überein, daß

die Phantasie wichtig sei. Aber sie möchten sie getrennt von der Intelligenz bilden, gerade so, wie sie diese von der Aktivität der Hand trennen wollen. Sie sind die Vivisektionisten der menschlichen Personalität. In der Schule wollen sie, daß die Kinder trockene Fakten der Realität lernen, während ihre Phantasie durch Märchen kultiviert wird, die sich gewiß mit einer Welt voller Wunder befaßt, aber nicht der Welt ringsum, in der die Kinder leben. Sicher enthalten diese Märchen beeindruckende Elemente, die das Kind Mitleid und Schrecken empfinden lassen, weil sie voll von Leid und Unglück sind, von hungernden, schlecht behandelten, verlassenen und betrogenen Kindern. Wie die Erwachsenen Gefallen an tragischem Schauspiel und tragischer Literatur finden, gefallen diese Märchen von Kobolden und Ungeheuern den Kindern und regen ihre Phantasie an. Aber sie haben keinen Bezug zur Wirklichkeit.

Wenn wir dagegen dem Kind die Geschichte des Universums anbieten, geben wir ihm etwas tausendmal Unbegrenzteres und Geheimnisvolleres, es mit seiner Phantasie zu rekonstruieren; ein Schauspiel, das keine Fabel offenbaren kann. Wenn die Phantasie ausschließlich durch Märchen gebildet wird, wird das Vergnügen, das sie bringen, später höchstens durch das Lesen von Romanen fortgesetzt. Aber wir sollten ihre Bildung auf keinen Fall so begrenzen. Ein Geist, der gewohnt ist, sich lediglich an phantastischen Geschichten zu erfreuen, wird langsam aber sicher träge und unfähig zu höheren Beschäftigungen. Im sozialen Leben finden wir allzu viele Beispiele dieser geistigen Trägheit, Leute, die sich nur um ihre gute Kleidung, den Klatsch mit Freunden und den Kinobesuch kümmern. Ihre Intelligenz ist hoffnungslos hinter Barrieren geraten, die man jetzt nicht mehr beseitigen kann. Ihre Interessen werden immer begrenzter, bis sie sich um das kleine Ich zentrieren, die Wunder der Welt und das Mitleid mit der leidenden Menschheit aber ausschließen. Sie sind wahrhaft lebendig tot.

(4) *Die neue Psychologie des Unbewußten*[17]

Seit dem Anfang dieses Jahrhunderts hat eine starke Veränderung im Feld der Psychologie stattgefunden. Und bezeichnenderweise befinden sich die neuen Psychologen im Konflikt mit den etablierten Unterrichtsmethoden, obwohl sie selbst nicht zu der Vorstellung fähig sind, wie die Schulen bewegt werden können, der neuen Richtung zu folgen. Aber tatsächlich hat diese neue Richtung schon Ausdruck gefunden in unseren Schulen, mit denen die älteren psychologischen Theorien weder in der Praxis noch in der Organisation etwas zu tun haben. Die moderne Psychologie folgt exakt unserer Methode, denn während die ältere Wissenschaft von der Beobachtung oberflächlicher Fakten des Bewußtseins ausging, bemüht sich die neuere, den unbewußten Geist zu beobachten und seine Geheimnisse zu untersuchen, um die Beziehung des Geistes zu den Fakten des Lebens aufzudecken.

Ältere Psychologen unterschieden streng zwischen den Fakten des Lebens und psychologischen Faktoren und hielten sie als Pole getrennt; die Erforscher des Unbewußten haben jedoch entdeckt, daß dessen Studium auf die gleiche Basis wie biologische Faktoren gestellt werden kann und daß darüber hinaus der Geist eine Einheit, ein Ganzes ist, das nicht in eine Anzahl getrennter geistiger Fähigkeiten, wie Gedächtnis, Verstand, Aufmerksamkeit und Gedankenassoziation getrennt werden kann, die alle einzeln bewußt zu üben wären. Die Erziehung befaßte sich hauptsächlich mit der getrennten Schulung der Aufmerk-

[17] Montessori nimmt Anregungen von anderen Autoren auf, wie sie ihr begegnen. Im Zentrum der Abhandlungen bleiben dabei die eigenen Entdeckungen; andere zeitgenössische Ideen oder Resultate werden oft mehr als Kommentare oder Bestätigungen ihrer Arbeit erwähnt. Häufig nennt Montessori die Namen bzw. Schriften nicht; so auch in diesem Kapitel, das sich u. a. wohl besonders auf Percy Nunn bezieht. In „Das kreative Kind – Der absorbierende Geist" sind die Bezüge auf modernere Psychologen genauer angegeben (Information von Herrn Mario Montessori jun.).

samkeit oder mit der Kraft des Verstandes, Gedachtes zu erfassen, und dem Willen, der willentlichen Lernanstrengung; und der Geist wurde als etwas über den Lebenstrieben Stehendes angesehen, das von außen beeinflußt und geschult werden müsse. Heute betrachtet man den Geist als ein Ganzes, nicht als getrennte geistige Fähigkeiten, und lebendig verbunden mit der ganzen Personalität; so stellt die moderne Psychologie eine Ergänzung für unsere Erziehungsmethode dar.

In Übereinstimmung mit diesen neuen Denkweisen befassen wir uns mit drei geistigen Hauptfaktoren, deren erster das vitale Element, der Part des Lebens selbst ist. Es hat die Kraft, einen Anteil von allen Erfahrungen zu bewahren, durch die das Individuum hindurchgegangen ist; es ist nicht ausschließlich menschlichen Wesen eigen, sondern allen lebenden Geschöpfen gemeinsam. Um etwas aus dem Leben gewinnen zu können, müssen wir Spuren der Erfahrungen bewahren, und dabei kommt uns das Gedächtnis zur Hilfe. Aber wir erkennen bald die Mängel der bewußten Erinnerungen, wie verschwommen und ungenau sie sind. Die moderne Psychologie behauptet jedoch, daß das Unbewußte – oder Unterbewußte – alles behält. Und so erscheint das Gedächnis als ein umfassendes Geheimnis, dessen Erhellung intensives Studium verlangt.

Diese unterbewußte Erinnerung besitzt eine wunderbare Beweglichkeit. Alles ist in ihr aufgezeichnet, auch wenn wir uns dessen nicht bewußt sind. So gibt es ein Artgedächtnis, mit dessen Hilfe alle Lebewesen ihre eigene Art und deren Lebensformen weitergeben. Dadurch sind die Vögel imstande, ihre Nester gemäß der überkommenen Weise ihrer Art zu bauen. Durch dieses weitere, als „Mneme“ bezeichnete Gedächtnis erkennt das Kind unbewußt die Laute der menschlichen Sprache und bewahrt sie in sich zur Nachahmung auf. Nur ein sehr kleiner Teil der Mneme durchdringt die Grenzen des Bewußtseins, und diesen Teil nennen wir Gedächtnis. Alle die Erfahrungen eines individuellen Lebens sind in der Mneme festgehalten, nicht nur der unendlich kleine ins Bewußtsein ragende Teil.

Ein einfaches psychologisches Experiment: Man bittet jemanden, eine Reihe einzelner Silben auswendig zu lernen und sie nach einer Zwischenzeit von einigen Tagen zu wiederholen. Der Betreffende wird die Silben vergessen haben, aber sie in einer viel kürzeren Zeit wieder auswendig lernen können, weil sie in der Mneme aufbewahrt waren. Nicht eine Anhäufung von Erinnerungen ist in der Mneme geblieben, sondern eine Kraft, Erfahrungen in das bewußte Gedächtnis zurückzurufen, aus dem sie abgesunken sind. Ein gebildeter Mensch mag keine Erinnerung an viele in der Schule gelernte Dinge haben, aber er besitzt Intelligenz, eine Kraft schnellen Begreifens derjenigen Gegenstände, die durch die Mneme festgehalten worden sind. Es sind also nicht die Erfahrungen an sich, sondern ihre in der Mneme zurückgebliebenen Spuren, die einen Geist kraftvoll machen. Diese Spuren sind auch als „Engramme“ bekannt.

Das Unterbewußte ist voll dieser Engramme, durch die die Intelligenz viel stärker wächst als durch das bewußte Gedächtnis. Durch unsere Berücksichtigung dieser Tatsache ergibt sich, daß die intellektuellen Fähigkeiten der Kinder in unseren Schulen erheblich gesteigert werden. Dagegen ist es in konventionellen Schulen das einzige Ziel, Wissen im bewußten Gedächtnis zu speichern; dem Kind wird dort nicht die Gelegenheit geboten, durch andauernde und wechselnde Erfahrungen seine Engramme zu verstärken.

Ein anderer vitaler Faktor des Geistes ist der innere Drang, eine Handlung zur Vollendung zu bringen, er gehört zu dem, was man „élan vital“ genannt hat. Der Philosoph Bergson gab diesen Namen dem Lebensdrang, der alle Lebewesen antreibt, Erfahrungen zu machen, um Engramme zu sammeln. Diese Kraft bringt die Kinder in unseren Schulen dazu, spontan zu arbeiten, indem sie hartnäckig die gleiche Erfahrung wiederholen, bis sie völlig zufrieden sind. Sie wird manchmal „Lebenswille“ genannt und in bezug auf den Menschen zu den bewußten psychischen Faktoren gerechnet, während sie hinsichtlich anderer Lebewesen als biologischer und unbewußter

Faktor eingeordnet wird. In Wirklichkeit findet sich der élan vital in jeder Facette des Lebens, und wenn er in die bewußte Schicht des Geistes auftaucht, wird er ein willkürlicher Faktor wie der Wille. Der weit größere unbewußte vitale Drang wird heute von Psychologen als „Horme" bezeichnet, deren Feld im Vergleich mit dem bewußten Willen so weit ist wie das der Mneme im Vergleich mit dem Gedächtnis. Menschliche Wesen können durch die Horme zu handeln gezwungen werden, ohne daß – wie in der Hypnose – der Wille bewußt in Aktion tritt. Das wird mit Recht als gefährlich für die Menschheit empfunden, weil wir diese Kräfte noch nicht kennen und uns gegen sie daher nicht recht verteidigen können. Die geistigen Wechselbeziehungen bilden ein höchst bedeutendes Kapitel der menschlichen Psychologie; oft führen Menschen Handlungen aus und sind dabei ganz unfähig, deren Beweggrund zu erklären. Bestimmte Handlungen, bestimmte von Kindern ausgeführte Handlungen, die ernste Folgen für sie haben, sind von dieser Art; und damit die jüngere Generation besser gegen diese Gefahren gewappnet aufwachsen kann, ist es notwendig, daß man sie versteht und daß der bewußte Wille von Anfang an richtig entwickelt und geübt wird, wie es in der Montessori-Erziehungsmethode geschieht.

Der dritte wichtige Faktor in diesem Labyrinth des Unterbewußten ist, was man die Vorstellungsassoziation oder das Prinzip der Bildung von Gedankenfolgen zu nennen pflegt. Hauptsächlich darauf waren alle Unterrichtsmethoden gegründet: rings um eine Anfangsvorstellung können sich immer mehr Vorstellungen sammeln, die mit ihr in Übereinstimmung oder im Gegensatz stehen. Die modernen Psychologen messen dem jedoch nur eine sekundäre Bedeutung bei und halten es nur für oberflächlich richtig. Sie schreiben den Vorstellungen geringere Bedeutung als den Engrammen zu, die sich jedesmal im Unterbewußten verbinden, wenn der Geist sich an etwas zu interessieren beginnt. Diese Verbindung von Engrammen erfolgt spontan und ist von viel größerer aktiver Kraft und Dauer als jede veranlaßte Gedankenkette. Es ist doch bekannt, daß ein Mathematikstudent stundenlang erfolglos über ein Problem nachdenken kann, bis er sich entscheidet, „es zu überschlafen", und dann beim Erwachen die Lösung gleich findet. Liegt das daran, daß er sich ausgeruht hat und nun besser verstehen und denken kann? Nein, denn unmittelbar beim Erwachen ist er sich bewußt, daß das Problem in seinem Geist bereits gelöst ist, so als ob die Lösung selbst ihn gedrängt habe zu erwachen und sie aufzuzeichnen. Das konnte nur geschehen, weil die Engramme nicht schliefen, sondern sich verbindend die Arbeit ausführten und in das Bewußtsein drängten.

So kann man sagen, daß jeder Mensch seine intelligenteste Tätigkeit im Unterbewußten vollbringt, wo die Engramme psychische Komplexe aufbauen. Sie schaffen mehr als eine Gedankenverbindung, denn sie organisieren sich selbst, um eine Arbeit auszuführen, die wir nicht bewußt leisten könnten. Solche psychischen Komplexe helfen einem Schriftsteller, wunderbare und seinem bewußten Geist neu erscheinende Gedanken hervorzubringen, die man vage der Inspiration zuschreibt. Die Wirkweise dieser Komplexe ist für die Bildung von immenser Bedeutung.

Mit Rücksicht auf diese Entdeckungen halten wir es nun für ratsam, nicht das mühselige Auswendiglernen irgendeines wichtigen Stoffes zu betreiben, sondern ihn eher leichtnehmend zu lernen und ihn dann für einige Tage beiseite zu legen, ohne ihn ganz zu vergessen, und so den Engrammen Zeit zu ihrer Konzentrierung zu geben. Genau das kann man in einer Montessori-Schule beobachten, wo die Kinder durch die Offenbarung ihrer eigenen geistigen Prozesse Ergebnisse der psychologischen Forschung vorweggenommen haben. Man sieht oftmals Kinder allein für sich selbst umhergehen, während die anderen arbeiten, weil sie, nachdem sie gerade etwas gelernt haben, das Bedürfnis nach Ruhe empfinden. Wenn sie dann in die Klasse zurückkommen, zeigen sie neue Fähigkeit, geradeso wie das Kind sich nach der Rückkehr aus den Ferien fähig findet zu begreifen, was ihm vorher dunkel war. Wie nutzlos und sogar schädlich erscheint im Lichte dieser Tatsachen das Pauken für die Prüfungen!

Obwohl wir uns freuen, in diesen vielen Punkten mit den modernen Psychologen, deren Werk das unsere ergänzt, übereinzustimmen, können wir mit ihrer Meinung in einem wichtigen Punkt nicht einverstanden sein. Sie haben es bisher nicht geschafft, ihre Theorien auf die Probleme der Bildung anzuwenden, und sie sind der Meinung, daß diese Anwendung erst späteren Generationen gelingen wird. Wir dagegen wissen, daß sie unter den richtigen Bedingungen sofort anwendbar sind. Die psychologischen Studien wurden außerhalb der Schulen durchgeführt, und ihren Schlüssen lagen Beobachtungen an Erwachsenen und experimentelle Untersuchungen des Unbewußten zugrunde; und man sah sich in der Erwartung enttäuscht, daß Kinder in einer speziellen Weise reagieren würden, wenn man diese neuen Methoden bei ihnen praktizierte. Aber wir haben gelernt, daß die Psychologie des Kindes nicht die des Erwachsenen ist und daß die wesentliche Bedingung ist: die Freiheit zu handeln in einer vorbereiteten Umgebung, in der das Kind auf intelligente Weise aktiv sein kann. Solange die Lehrer ihre Schlüsse dem Kind aufdrängen, werden sie – so gut ihr Studium der Psychologie theoretisch auch sein mag – niemals ihr Ziel erreichen, das in spontanem Interesse und spontaner Aufmerksamkeit liegt. So hat man im Gefolge der Psychoanalyse in letzter Zeit viel von der Sublimierung der Instinkte gesprochen und versucht, dies durch die Bildung der Gefühle und Empfindungen zu bewirken; doch die Schulkinder erwiesen sich dafür unempfänglich. Die Psychologen gründen ihre Theorien auf tierisches Verhalten und die Reaktion Erwachsener auf die Psychoanalyse. Von da aus streben sie zu einer Reform der Erziehung und treffen sich mit uns an einem bestimmten Punkt des Weges. Wir aber schreiten voran, indem wir vom Kind selbst ausgehen! Sie suchen eine Methode der Erziehung, die ihrer Theorie folgt, während wir eine psychologische Theorie suchen, die unserer Methode folgt.

Als ein Beispiel dieser Sublimierung der Instinkte hat ein moderner Autor sehr richtig die moderne Wissenschaft ein Monument sublimierter Neugier genannt. Wir stimmen damit vollständig überein und haben bewiesen, daß das Kind ein großes Interesse an der Wissenschaft und allen ihren Wundern gewinnen kann, wenn man ihm eine klare Vision des Beginns des Lebens und seines Fortschreitens bis zum heutigen Tage bietet. Wir sehen, daß dieser Drang der Neugier beim Kind durch jene sehr hohen Interessen sublimiert wird, dies aber nur geschieht, wenn wir sie ihm in einem viel früheren Lebensalter vorstellen, als es die Psychologen für möglich halten würden. Das Kind hat uns gelehrt, daß es nur in diesem frühen Alter mit einer feineren Sensibilität und einem brennenderen Interesse ausgestattet ist als es später zeigt, in dem Alter, in dem es zu wissenschaftlichem und exaktem Studium nur fähig sein wird, wenn es schon Gefühl und Empfindung für diese Gegenstände erworben hat. Es wird dann nicht mehr bloße Neugier besitzen, sondern ein intensives Interesse, einen auf dem Gefühl gegründeten Enthusiasmus.

Das Kind müßte alles, was es lernt, lieben, weil seine geistige und seine gefühlsmäßige Entwicklung miteinander verbunden sind. Alles, was man ihm darbietet, muß schön und hell sein, daß es seine Phantasie anstößt. Ist diese Liebe einmal entzündet, lösen sich alle Probleme für den Lehrer auf. Der große italienische Dichter Dante hat gesagt: „La somma sapienza é il primo amore“, das bedeutet: Die höchste Weisheit ist, zuerst zu lieben. Zur Sublimierung der Seele muß der Mensch diesen vollkommenen Zustand der Liebe erreichen, den man „Geistige Liebe“ genannt hat, um sie von der persönlichen zu unterscheiden. Kinder sind fähig, abstrakte Gegenstände wie die Mathematik zu lieben, und so kann Liebe für geistige Arbeit bestehen: des Psychologen Zukunftstraum ist schon verwirklicht.

Manche hoffen, daß die Menschen allgemein humaner werden, wenn dieses Gefühl der Liebe zu allen Gegenständen in den Kindern erweckt werden kann, und daß so die Grausamkeit der Kriege zu einem Ende kommen wird. Aber die Liebe zu Wissenschaft und Kunst und allen menschlichen Schöpfungen wird nicht dazu ausreichen, daß Männer und Frauen einander lieben. Einen schönen Sonnenuntergang zu lieben oder mit Bewunderung ein winziges Insekt zu betrachten, erweckt nicht notwendig ein höheres Gefühl der Liebe zur Menschheit, noch erzeugt eine Liebe zur Kunst in einem Menschen die Liebe zu seinem Nächsten. Wirklich notwendig ist, daß der Mensch von seinen frühesten Jahren an mit der Menschheit in Beziehung gesetzt wird. Es gibt in unserem Herzen keine Liebe für die Menschen, von denen wir empfangen haben und noch so viel empfangen, in der Gestalt von Brot und Kleidung und der zahlreichen Erfindungen für unser Wohlergehen. Wir nehmen und genießen ohne Dank all das, was für uns getan wird, so wie Atheisten Gott ihren Dank und ihre Liebe vorenthalten. Vielleicht lehren wir das Kind, Gott zu danken und zu ihm zu beten, aber nicht der Menschheit, Gottes vornehmstem Schöpfungsagenten zu danken; wir verschwenden keine Gedanken an die Männer und Frauen, die täglich ihr Leben einsetzen, damit wir besser leben können. Das Kind hat größeres Gefallen an allen diesen Gegenständen und lernt sie leichter, wenn man es zu der Erkenntnis führt, wie man sich zum erstenmal um sie bemühte und wer dies tat. Wir schreiben und lesen: Und man kann das Kind lehren, wer das Schreiben und die Schreibinstrumente erfand, wie man zum Drucken gelangt ist und die Bücher so zahlreich wurden. Jede Errungenschaft ist durch die Hingabe eines Menschen zustandegekommen, der nicht mehr lebt. Jede Karte erzählt beredt vom Werk der Forschungsreisenden und Pioniere, die Strapazen und Prüfungen jeder Art auf sich nahmen, um neue Länder, Flüsse und Seen zu entdecken und die Welt als unsere Wohnung größer und reicher zu machen.

Richten wir also in der Erziehung immer die Aufmerksamkeit der Kinder auf das Heer der Männer und Frauen, auf die nicht das Licht des Ruhmes fällt, indem wir so in ihnen die Liebe zur Menschheit entzünden; nicht das vage und blutleere Gefühl, das heutzutage als Brüderlichkeit gepredigt wird, noch das politische Empfinden, daß die arbeitenden Klassen befreit und erhoben werden müßten. Verlangt ist nicht gönnerhafte Wohltätigkeit für die Menschheit, sondern vor allem ein ehrfürchtiges Bewußtsein ihrer Würde und ihres Werts. Dieses sollte wie das religiöse Gefühl gebildet werden, das wir in der Tat alle in uns tragen sollten. Denn wir sollten nicht die Erinnerung nötig haben, daß niemand Gott lieben kann, während ihm sein Nächster gleichgültig ist.

(5) *Wie das Universum der Einbildungskraft des Kindes vorgestellt werden kann*[18]

Um das Interesse der Kinder am Universum zu wecken, sollten wir nicht mit einer bloß seinen Mechanismus verständlich machenden Einführung beginnen, sondern mit viel höheren Ideen philosophischer Art und in ansprechender, psychologisch kindgemäßer Weise. Hier kann der Rückgriff auf manche Mythen oder Märchen hilfreich sein; aber es müssen solche sein, die die Wahrheiten der Natur symbolisieren, nicht völlig phantastische.

Wir können über die Erde mit ihren drei Hüllen sprechen, der festen, der flüssigen und der gasförmigen, und dann von ihrer vierten, der des Lebens, die die ganze äußere Umhüllung einnimmt und alle drei durchdringt. Sie wird manchmal „Biosphäre", Sphäre des Lebens genannt und gehört so eng zur Erde, wie der Pelz zu einem Tier. Sie ist also nicht irgend etwas plötzlich von außen auf die Erde Gefallenes. Da sie also für den Körper der Erde ein so wesentlicher Teil ist wie der Pelz für das Tier, hat sie die Aufgabe, mit ihr zu wachsen, und zwar nicht

[18] Bei den Fakten und Zahlenangaben dieses und der folgenden vier Kapitel zur Geologie stützt Montessori sich offensichtlich vor allem auf das bereits genannte Buch „Acqua ed Aria" von Antonio Stoppani.

nur für sich selbst, sondern für die Erhaltung und Umgestaltung der Erde. Das Leben ist eine der schöpferischen Kräfte der Welt; es ist eine Energie mit eigenen Gesetzen, die von der Biologie studiert werden; ebenso wie es Gesetze gibt, die die physikalischen und chemischen Umwandlungen lenken. Wir haben schon gehört, daß das Leben die Tendenz zur Aktivität besitzt und das Vermögen, Eindrücke aufzunehmen und festzuhalten. Diese Kräfte bauen etwas Neues für den Geist auf, wie die Psychologie lehrt, und stellen als grundlegende Energien die Hauptfähigkeiten des Lebens dar. Der Impuls zur Aktivität führt zu Erfahrung, die im geistigen Organismus aufbewahrt wird. Beim Tier wie beim Mensch wirken Mneme und Horme in ihren verschiedenen Bereichen, psychisch und physisch; und während das Lebewesen in seinen Funktionen auf Selbsterhaltung gerichtet ist, wird es zur gleichen Zeit durch seine Erfahrungen zu einer Seinsvervollkommnung geleitet, zu dem Evolution genannten Vervollkommnungsprozeß.

Gerade so wie der Pelz mit dem Wachsen des Tieres wächst und sich wandelt, und gerade so wie das Gefieder eines flügge werdenden Vogels seine Formschönheit und Farbe gewinnt, wenn der Vogel zur Reife gelangt, so wandelt sich auch das Leben zusammen mit der Entwicklung der Erde. Es ist nicht so, daß das Leben für sich selbst eine Perfektion erreichen muß, sondern als ein immanenter Teil der Schöpfung tut es das Seinige bei der Umwandlung der Welt. Seine Veränderungen sind mehr in Beziehung zu den Erfordernissen der Erde als zu seinem eigenen Vervollkommnungsdrang zu sehen.

Das Leben ist eine kosmische Wirkkraft. Wie kann den Kindern diese Wahrheit so dargestellt werden, daß sie ihre Phantasie entzündet? Wahrscheinlich wird das Kind von Größe besonders beeindruckt, und man kann ihm leicht die ungeheure Ausdehnung und Größe des Lebens auf der Erdkugel vorstellen, weil es schon die Zahlengrößen beherrscht. Zuerst kann man ihm die leicht erreichbaren Bevölkerungszahlen jedes Landes geben, dann kann man zu den bekanntlich unzählbaren Lebewesen des Meeres übergehen. Dabei behandeln wir zunächst die eindrucksvollen Giganten der See, die Wale, die logischerweise schon wegen ihrer Größe in geringerer Zahl leben als die kleineren Fische. Wale leben in Herden in den nördlichen Meeren, aber schwimmen in den kalten Jahreszeiten in wärmere Regionen, wo sie andere Gruppen treffen, wie die Pottwale aus der Antarktis. Deren Herden zählen nicht nach Hunderten, sondern nach Hunderttausenden. So können wir uns das übrige Meeresleben vorstellen: es besteht aus Myriaden von Schwärmen kleinerer Geschöpfe. Wir benötigen die Hilfe von Zahlen, um dies phantastische Bild darzustellen. Wenn uns keine Statistiken erreichbar sind, können wir von den Gebieten in manchen Meeren sprechen, wo zu bestimmten Zeiten die Fische zur Oberfläche emporgetrieben werden. Man weiß, daß sie in solchen Zeiten ein Gebiet von 30-40 Quadratmeilen bedecken, und dies sind nur die wenigen, die durch eine unterseeische Störung an die Oberfläche gelangen. Wenn wir ferner sehen, daß bis zu zehntausend Boote nötig sind, um aus einem relativ kleinen Seegebiet den Fischfang nur eines Jahres an Land zu bringen, und daß allein in Europa von einer einzigen Fischart, dem Kabeljau, 40 Millionen Stück verkauft werden, beginnen wir etwas vom Umfang des Meereslebens zu begreifen. Betrachten wir dazu das Ausmaß der Vermehrung: der Hering legt 70 000 Eier auf einmal, der Kabeljau zweimal im Jahr eine Million Eier, und das gewöhnlich für die Dauer von 10 Jahren.

Kinder gehen gern mit diesen ungeheuren Zahlen um, und man kann ihnen erzählen, daß der Fisch zur Aristokratie des Lebens gehört und die niederen Arten noch weit fruchtbarer sind, so daß nicht einmal die größten Zahlen auszureichen scheinen, ihre Menge zu erfassen. Man weiß, daß Quallen manchmal in solchen Mengen an die Oberfläche schwärmen, daß auch recht schnelle Dampfer drei Tage brauchen, um durch sie hindurchzukommen, und daß diese ungeheuren Schwärme sich selbst wieder von noch weit zahlreicheren kleineren Lebewesen ernähren, die sie mit ihren zahllosen Fangarmen ergreifen, und deren Menge unerschöpflich scheint. Wir können uns vorstellen, wieviele dieser mikroskopisch kleinen Geschöpfe es geben muß, damit sie ein tropisches Meer meilenweit phosphoreszierend aufleuchten lassen, so daß sie mit den Sternen einer klaren Nacht konkurrieren können. In einem einzigen Tropfen Wasser kann man unter dem Mikroskop hunderte winziger Lebewesen entdecken – wie unermeßlich muß ihre Zahl im großen Weltmeer sein! Man hat geschätzt, daß eins dieser kleinsten Meereslebewesen in zehn Tagen eine Million gleicher Individuen erzeugen kann. So kann es nach 20 Tagen eine Million Millionen dieses einen kleinen Geschöpfes geben und den Kubus einer Million in einem Monat!

Ähnliche Entdeckungen hat man für das Pflanzen- und Tierleben auf dem Land gemacht. Der große Forscher Livingstone hat eine an ihm in Zentralafrika vorüberziehende Antilopenherde auf 40 000 Tiere geschätzt. In der Luft, so hat man berichtet, verfinsterte ein Taubenschwarm in seinem Fluge das Licht der Sonne, und bestimmte Seevögel in Südamerika sind so zahlreich, daß ihre Ausscheidungen, die sie auf den Felsenriffen hinterlassen, einen geschätzten Handelsartikel bilden, den man „Guano“ nennt. In vielen Ländern sind Heuschreckenschwärme eine Plage: Sie fressen alle Ähren kahl, wenn sie auf ihrem Fluge Kornfelder passieren, und lassen Hungersnot hinter sich. Das Leben der Pflanzen ist zahlenmäßig noch weniger berechenbar: Es gibt Wälder, deren Unterholz so undurchdringlich dicht ist, daß sogar die Tiere auf der Nahrungssuche ihren Weg über die Baumwipfel nehmen müssen.

Das Leben ist abenteuerlich und von vielen Gefahren umgeben, im Meer, in der Luft und auf dem Lande. Kleinere Arten im Meer haben unter der ständigen Gefahr, dem gefräßigen Appetit größerer Geschöpfe zum Opfer zu fallen, die wiederum verfolgt werden. Auf dem Land gibt es außer diesen Gefahren die Hungersnöte, Überschwemmungen, Vulkanausbrüche und Seuchen, die vom Leben ihren Tribut fordern; aber keine dieser Gefahren kann mit der Vernichtung verglichen werden, die dem

Mangel an Luft oder Wasser folgen würde. Mit einem Schlag würde nämlich dann alles Leben ausgelöscht. Gegen alle anderen Gefahren sind die Tiere durch den Selbsterhaltungstrieb gerüstet, so daß genug überleben, um die Art weiterzutragen; aber gegen den Verlust dieser unentbehrlichen Elemente gibt es für kein Geschöpf einen Schutz. Manche Menschen sind beunruhigt über die Gefahr, die der Erde durch die Abkühlung der Sonne oder eine mögliche Kollision mit einem Kometen droht. Aber diese Risiken sind fernliegend und sekundär, verglichen mit dem Mangel an Wasser und Luft.

Es scheint, daß seit den fernsten Anfängen des Lebens auf der Erde, durch die großen Wandlungen hindurch, in denen Kontinente versanken und das Gleichgewicht der Welt sich verlagerte, diese zwei Elemente in ihrer Reinheit und Wesensbeschaffenheit konstant und unverändert geblieben sind, wenn auch nicht notwendig in ihrer heutigen Form. Über ihre Reinheit muß gewacht werden; doch worin besteht diese Reinheit? Das Wasser setzt sich aus vielen Bestandteilen zusammen, u. a. enthält es eine winzige Menge eines bestimmten Salzes im Verhältnis 7:100 000. Diese kleine Menge ist unschädlich, aber wenn sie auf 40:100 000 anwüchse, könnte kein Geschöpf überleben. Wie kommt es, daß das Meer niemals mit diesem Gift – dem Calziumcarbonat – überladen wird, obwohl die Flüsse ständig große Mengen von ihm in das Meer wälzen?

Man weiß, daß die Luft in ähnlicher Weise eine kleine Menge eines giftigen Gases namens Kohlendioxyd enthält, das ebenso zum Tode führen würde, wenn es nicht unaufhörlich durch die Tätigkeit anderer Wirkkräfte verwandelt würde. Wie können wir uns darauf verlassen, daß wir genügend reine Luft für unser Atmen haben, wenn wir wissen, daß alle Pflanzen und Tiere dieses giftige Gas ausatmen und jeder Körper bei der Verwesung die Atmosphäre damit verdirbt? Diese Atmosphäre ist nur wenige Meilen hoch und leichter als das tödliche Gas, das deswegen ihre unterste Schicht einnimmt und uns, so möchte es scheinen, um so unausweichlicher bedroht. Doch diese Gefahr braucht uns nicht zu beunruhigen, und in der Tat sind wir von ihr nicht betroffen und sicher, daß Gott uns beschützt! Denn ER bewirkt durch Vermittler diesen Schutz, den ER allen seinen Kindern gewährt, und wir schulden diesen Vermittlern Dank und ein wenig Verständnis für die Rolle, die sie spielen, damit auch wir lernen, wirksamer unseren Teil der Arbeit im kosmischen Plan zu vollbringe. Unsere stolze Zivilisation und alle die wunderbaren Errungenschaften der Entwicklung waren möglich dank der Aufopferung dieser demütigen Retter, deren Werkes wir uns nicht bewußt sind, und vor allem jener, die immer noch die Luft rein erhalten, die wir atmen, und das Wasser, das so lebensnotwendig ist.

(6) *Das Drama des Ozeans*

Die Schöpfung war nicht eine Augenblickstat Gottes, sondern erfolgte in kontinuierlicher Entfaltung in der Zeit und ist noch nicht beendet: Der Sabbat, der Tag der Ruhe, ist noch nicht erreicht. Seit Land und Wasser sich trennten und das Land zu seiner Entwässerung von Strömen zerfurcht wurde, haben die Flüsse solche Mengen kalkhaltigen Materials in den Ozean getragen, daß sie ihn – wenn sie daran nicht gehindert worden wären – schon in etwa 6000 Jahren erstickt hätten; Erde und Wasser hätten sich dann wieder zu einem schlammigen Chaos vermischt. Jedoch dies ist nicht einmal in 4 Millionen Jahren eingetreten, denn die Katastrophe wurde durch die Aktivität von Lebewesen abgewendet, als die Gesetze der unbelebten Natur sich als unzureichend zu erweisen begannen.

In der Epoche, als dieser Rückfall drohte, wurde das Reich des Meeres von Trilobiten verschiedener Art beherrscht. Das waren dreilappige Wesen mit vielen Beinen und zahlreichen anderen Fortsätzen zum Schwimmen. Sie hatten sehr komplexe Formen entwickelt und konnten einen Fuß Länge erreichen. Andere stolze Meeresbewohner waren die Cephalopoden –

wörtlich bedeutet das Kopffüßler – von denen der Nautilus der berühmteste ist. Wegen seiner Eigenart, ständig seinem Gehäuse größere Kammern hinzuzufügen und in der äußersten und geräumigsten zu leben – ein Symbol der Evolution – hatte er den amerikanischen Dichter Oliver Wendell[19] Holmes inspiriert. Von diesem Tier beeindruckt beschwört der Dichter sich selbst:

> Baue dir vornehmere Wohnungen, oh meine Seele,
> während die eiligen Jahreszeiten dahinziehen!
> Lasse deine niedrig gewölbte Vergangenheit zurück.
> Laß jeden neuen Tempel, prächtiger als der vorige,
> dich mit ausgedehnterer Kuppel vom Himmel abschließen,
> bis du endlich frei bist und die Schale, der du entwachsen,
> am ruhelosen Meer des Lebens zurücklassen kannst.

Der Nautilus besaß ein Gehirn und ein tatsächlich recht hoch entwickeltes Nervensystem. Diese Meeresbewohner hatten bisher ausgereicht, das Wasser für das Leben rein genug zu erhalten, da sie fähig waren, die schädlichen Salze als Nahrung zu assimilieren und damit ihre Schalen und Knochen aufzubauen. Aber nun wurde die Situation kritisch, und neue Wehrkräfte wurden gebraucht.

Wir können uns ein Komitee von Engeln oder Devas – je nach unserer Religion – vorstellen, ältere Söhne Gottes, die die Naturkräfte der Erde leiten, wie sie ein Signal zur Meldung von Freiwilligen aussenden und die Geschöpfe prüfen, die mit dem Angebot ihres Dienstes antworten. Was für ein wunderbares Schauspiel würde sich ihnen geboten haben, als sich die Crinoiden vorstellten! Es war, als wäre der Meeresboden zu einem Wald von Bäumen mit farbigen, in der Luft wie Arme schwingenden Ästen geworden, obwohl hier doch kein Wind wehen

---

[19] Oliver Wendell Holmes, Poetical Works Bd. 1, Boston/New York 1892 (d. Hrsg.)

konnte. Wir können uns vorstellen, wie die Crinoiden von sich sagten: „Schaut uns an! Wir scheinen Bäume zu sein, doch unsere Stämme sind aus Steinen gebildet, zwischen die wir unsere zarten Körper schieben, indem wir sie wie Pfeiler zusammenfügen; und wir haben Äste, die wir wie Arme ausbreiten können, um den Kalk zu ergreifen, den ihr zerstört sehen wollt. Er wird uns zur Nahrung dienen, und selbst wenn wir sterben, werden wir ihn nicht zurückgeben, denn wir werden ihn verbraucht und umgewandelt haben."

Es kamen auch viele niedrigere Lebewesen – nicht aus der Aristrokatie des Nautilus oder der Crinoiden – und sagten: „Wir haben nur eine einfache Gestalt, aber zur Bewältigung der Arbeit könnt ihr euch auf uns verlassen." So wurden also beide Angebote angenommen und diese Soldaten für die Kampffront an der Grenze zwischen Land und Meer angeworben. Die winzigen Einzeller hatten einen so unstillbaren Durst, daß sie unglaubliche Mengen Wasser schlucken konnten – im Verhältnis zu ihrer Größe so viel, als wenn ein Mensch bis zum Ende seines Lebens unaufhörlich 2 Kubikfuß in der Sekunde trinken würde. Und so filterten sie das Wasser beim Durchlaufen ihres Körpers, entnahmen ihm die Salze, verwandelten sie ihrem eigenem Organismus an und gaben das Wasser zurück. Darüber hinaus konnte sich jede von ihnen in zehn Tagen einmillionmal vermehren, und so bildeten sie eine ungeheure Armee von Arbeitern, die sich beim Absterben alle als feste Kalkteilchen längs den Küsten dem Land anfügten.

Es paßt schlecht zu den altmodischen Vorstellungen von der Evolution, daß diese einfachen Formen die viel komplexeren Trilobiten verdrängt haben sollen, aber der kosmische Plan hatte Vorrang, und diese Geschöpfe begnügten sich damit, ihm zu dienen, ohne Rücksicht auf ihren eigenen Fortschritt. Die stolzen Trilobiten bewegten sich eine Zeitlang in massiver Eleganz umher, aber verschwanden bald als nicht länger nützlich.

Zeitalter vergingen, und das Land fuhr fort, sich aus dem Wasser zu erheben und trocken zu werden. Neue Kontinente bildeten sich, und neue Flüsse durchfurchten sie und brachten noch größere Mengen von Kalkstein ins Meer. Die Crinoiden konnten nicht mehr schnell genug arbeiten, um das Gleichgewicht zu erhalten, und der Not wurde mit einem neuen Freiwilligen-Aufruf gesteuert. Dieses Mal meldeten sich darauf die Korallenpolypen: „Wir sehen wie Steine aus, aber wir leben und wachsen; und wir werden zusammenhaften und trinken und uns dabei vermehren und ohne Ende bauen. Wir können unter dem Meer von unseren Gestalten gefestigte Bergketten bilden. Wir haben auch unsere Flieger, die unsere Keime forttragen, damit sie an geeigneten Plätzen neue Ansiedlungen bilden. Aber wir verlangen gute Lebensbedingungen, fern von den bewegten Wassern der Flußmündungen, und unsere Nahrung muß uns gebracht werden, daß wir nicht selbst gehen und sie suchen müssen."

Der Gerichtshof der Natur billigte diese vernünftigen Bedingungen, nahm das Angebot an, und die Crinoiden winkten mit ihren Armen zum Abschied, denn sie hatten ihr Werk getan! So übernahmen die Korallen also die wichtige Arbeit, in den Wassern des Meeres das nötige Gleichgewicht zu erhalten, und sie haben sie seitdem ohne Veränderung oder Auflehnung getan.

Wer aber konnte nun die Aufgabe übernehmen, diesen unbeweglichen Arbeitern, die zu ihrer Arbeit haften bleiben mußten, ihre Nahrung zu bringen? Irgend jemand mußte das Wasser um sie herum bewegen, und um das zu tun, kamen mit Flossen versehene, gepanzerte und sehr vielgestaltige Fische, die auf der Jagd nach ihrer eigenen Nahrung das Wasser aufrührten und den Korallen brachten, was sie brauchten. Später kamen auch ungepanzerte Fische, die leichter und flinker waren. Sie hatten ein weiches, kalkloses Rückgrat, besaßen zwei Doppelmuskeln und zwei Flossen am Schwanz, die sie sehr schnell machten. Ihre massenhafte Vermehrung machte ihre Kleinheit und Schutzlosigkeit wett, da jeder einzelne Fisch eine Million Eier legen konnte. Das Problem ihrer Ernährung löste sich dadurch, daß einige Arten von anderen lebten, und allen die Fähigkeit gegeben war, schnell vor ihren gierigen Verfolgern zu fliehen und so das Wasser in der nötigen Bewegung zu halten. Scheint es uns grausam, daß sie erschaffen werden mußten, um gefressen zu werden? Wir müssen der Wirklichkeit ins Auge sehen, daß der kosmische Plan Opfer verlangt; aber geradeso, wie ein solches Opfer von Menschen freudig gebracht wird, die das Leben für ihr Land hingeben, so erfüllen die Tiere häufig den Zweck der Natur, wenn auch ohne Bewußtsein edlen Handelns.

Wenn ich gefragt werde, ob ich mit der Evolutionstheorie übereinstimme, antworte ich, daß die Frage von Einverständnis oder Nichteinverständnis unwichtig ist. Wir müssen auf die Tatsachen achten, die geeignet sind, Irrtümer in bestehenden Theorien zu korrigieren, und sie dann dem Wissen hinzufügen. Und ich akzeptiere die heutige geologische Sicht der Evolution als einen Fortschritt gegenüber der biologischen, die früher das Feld behauptete. Die Geologie liefert den besten Beweis der Evolution, wenn sie zeigt, wie den wirbellosen Meeresgeschöpfen Wirbeltiere folgten, kaltblütigen Amphibien auf dem Land die warmblütigen Tiere und Vögel. Fossile Überreste in Gesteinen ermöglichen der Phantasie, vergangene Zeiten zu rekonstruieren und das fast unglaubliche Alter unserer Erde zu erkennen. Eine Million Jahre wird zur Zeiteinheit, und 20 Millionen Jahre stellen bloß eine Episode der Weltgeschichte dar. Studien wie die der Geologie und Astronomie helfen uns, Ewigkeit im Unendlichen zu erkennen. Sie sind die faszinierendsten Gegenstände unserer Tage, und die Kinder können durchaus diese Faszination empfinden.

Der Unterschied zwischen der geologischen und der biologischen Sicht besteht darin, daß die letztere das Leben unabhängig von der Erde betrachtet, als eine andere Ordnung der Schöpfung, hingestellt, um sich zu entwickeln, um zur Vollkommenheit hin zu leben und zu wachsen. Das ist eine lineare Sicht, verwandt mit der alten Vorstellung der Erde als einer ebenen Fläche, nahelegend, daß ein Wanderer, der unaufhörlich geradeaus geht, irgendwo von ihrem Rand in den Weltraum fallen müßte. Heute wissen wir, daß die Erde eine Kugel ist und der imaginäre Wanderer nicht aufhören brauchte zu gehen. So zeigt uns die geologische Sicht der Evolution Leben, das mehr Dimensionen besitzt, ein Leben mit der Erde, das sich mit ihr und durch sie entwickelt und so zu ihrer Erhaltung und Wohlfahrt beiträgt. Die Biologen mußten einige Schwächen in ihren Theorien zugeben: Manche Kreaturen scheinen unerklärlicherweise nicht die Kraft zur Fortentwicklung besessen zu haben und sind statisch geblieben – ohne Gehirn zum Denken, ohne Nerven zum Fühlen, ohne Mund sogar zum Essen! Solche Wesen, wie z. B. die Mollusken, wurden als Evolutionsversehen betrachtet. Nun aber müssen sie ihren Wert als Bewirker der Reinerhaltung des Meeres anerkennen. Pflanzenleben wie Tierleben müssen nun von zwei Gesichtspunkten aus betrachtet werden, und der wichtigere ist der ihrer Funktion im kosmischen Plan, der von ihnen das Opfer lang andauernden statischen Gleichgewichts verlangen kann, so daß sie keine Entwicklung zu größerer Vollkommenheit zeigen.

Eine Seite der Entwicklung betrifft die Befriedigung vitaler Bedürfnisse, des Schutzes, des Überlebens der Art, der wachsenden Vervollkommnung durch Modifikation. Ein anderer und stärkerer Faktor in den Entwicklungsvorgängen betrifft die kosmische Funktion jedes Lebewesens und sogar der unbeseelten Gegenstände der Natur in ihrer Zusammenarbeit zur Erfüllung der Zwecke des Lebens. Alle Geschöpfe wirken bewußt für sich selbst, während ihnen der wirkliche Zweck ihrer Existenz unbewußt bleibt und doch ihren Gehorsam beansprucht. Ein Korallenpolyp würde, wenn er sich bewußt ausdrücken könnte, verlangen, in ruhigen, warmen und nicht von Strömungen gestörten Gewässern zu leben und treue Diener zu haben, die ihm die Nahrung bringen, ohne daß er sich selbst auf der Suche nach ihr bewegen müßte. Die Korallen werden sich nie dessen bewußt, daß sie durch ihre Lebensweise die Reinheit des Meeres erhalten, so ungezählten Millionen von Wesen zu leben helfen und dazu noch neues Land zu bilden, bestimmt, künftige

Arten zu tragen. So mögen die Bäume und anderen Pflanzen bewußt ihr Verlangen nach Sonnenschein und ihr vitales Bedürfnis nach Kohlendioxyd zu ihrer Ernährung voranstellen, ohne zu wissen, daß die Natur ihnen diese inneren Antriebe zum Zweck der Reinerhaltung der Luft gegeben hat, von der alles höhere Leben auf der Erde abhängt. Die Biene, die der Blüte ihren Nektar entnimmt, weiß nur von ihrem eigenen Bedürfnis oder dem des Bienenvolkes, aber nicht, wie bedeutsam das Bedürfnis der Blume nach ihrem Besuch für die Vermehrung ist, für die Lebenserhaltung der Arten.

Auch der Mensch hat, wie alle Wesen, zwei Ziele, ein bewußtes und ein unbewußtes. Er ist sich seiner eigenen geistigen und körperlichen Bedürfnisse bewußt, und ebenso der Ansprüche, die Gesellschaft und Kultur an ihn stellen. Er glaubt, für sich, seine Familie und sein Volk zu kämpfen, muß aber noch zu dem Bewußtsein seiner weit größeren Verantwortung für eine kosmische Aufgabe gelangen: zu seinem Zusammenwirken mit anderen bei der Arbeit für seine Umwelt, für das ganze Universum, das wahrlich, wie die Bibel sagt, „unaufhörlich seufzt und in Wehen liegt" auf dem Weg zur Vollendung der Schöpfung. Einen Sieg der Selbstvollendung kann nur das All erreichen, und diesen zu sichern, begnügen sich einige damit, ihren eigenen Fortschritt zur Vervollkommnung zu opfern, geringe und demütige Arbeiter zu bleiben wie die unbewegliche und nützliche Koralle. Andere Arten erreichten unbewußt die Grenzen ihrer Nützlichkeit und waren unfähig, sich Bedingungen anzupassen, die neue Anforderungen an sie stellten. Sie verschwinden aus den Reihen des Lebens, in denen nur die Gehorsamen und Disziplinierten unter dem freudigen Klang des Lebensliedes weitergehen.

(7) *Wie Mutter Erde erschaffen worden ist*

Um sich eine Vorstellung von der Ökonomie unseres kosmischen Haushaltes zu machen, ist es hilfreich, viel weiter in den geologischen Epochen zurückzugehen als bis zum Anbruch des Lebens. Denn gerade in den früheren Zeiten machte die Erde große Veränderungen und Wandlungen durch. Man findet heute Meeresmuscheln eingebettet in das Gestein der Gipfel hoher Gebirge; und Marmor, der mitten in Kontinenten gebrochen wird, zeigt, daß er aus stark zusammengepreßtem und glänzend gewordenem kalkhaltigem Material entstanden ist, den Überresten von Lebewesen, deren wirkliche Gestalt noch in den zarten Zeichnungen des Gesteins zu entdecken ist. Diese Meeresgeschöpfe können schwerlich aus ihren gegenwärtigen Wassertiefen in diese unzugänglichen Gegenden gereist und dann zurückgekehrt sein. So ergibt sich der Schluß, daß diese Gebirge und binnenländischen Ebenen einmal unter dem Meere gelegen haben müssen, wo diese Wesen lebten und zur Anhebung des Landes beitrugen. Wie mächtig muß jene Sintflut gewesen sein, von der es so viele mythische Berichte gibt neben dem einen in der Bibel! Farbige Marmorgesteine sind wirklich Korallen, und die gleichen Maurer setzen immer noch ihre Arbeit fort und bauen Inseln auf, die eines Tages einen neuen Kontinent im Pazifik bilden werden. Ein neues Asien ist in der Entstehung, während das alte sich langsam auflöst.

Erdteile gehen langsam im Meer auf, und Meere weichen wachsendem Land. Unter unseren Augen wird alles abgetragen, um in neuer Form wieder aufgebaut zu werden. Wer sind die Spediteure der Welt? Wer hat ursprünglich flüssiges Gestein in den Höhlen mit den phantastischen Formen der Stalagmiten und Stalaktiten geschmückt, mit schneeweißen Türmen und Zinnen von glitzerndem Salz, wer die Tuff-Formationen mit ihren wunderbaren Farben in den vulkanischen Regionen?

Der Bewirker all dieser Schönheit und Kostbarkeit ist das Wasser gewesen, das Substanzen von Felsen abwusch und unterirdisch auflöste, um sie schließlich durch Quellen wieder zur Oberfläche zu bringen und diese damit zu bereichern. Wasser ist kein Dieb, sondern es gibt alles zurück, was es aufgenommen hat; immer auf der Reise von einer Stelle mit hohem Druck zu einer mit niedrigem Druck, beginnt es tropfend jede Lücke auszufüllen. Tropfen für Tropfen lädt es die mitgebrachte Ladung ab, und allmählich bildet es einen Pfeiler, der wie ein Eiszapfen von der Decke der Höhle herabhängt, einem anderen Pfeiler entgegen, der vom Boden aus zu ihm emporwächst. Sie bestehen aus den durch die fallenden Tropfen abgelagerten Kalkteilchen. Bald füllen die majestätischen Pfeiler die Höhle und machen sie zu einem Palast der Schönheit. Andere Mineralien statten das Bauwerk farbig aus – rot, blau, rosa und gelb – wie mit blendend leuchtenden Schleiern und Falten. Von solcher Art ist der Alabaster verschiedener Farben, der viel in Italien vorkommt und von den Bildhauern sehr geschätzt wird. Wasser ist der große Baumeister, der schafft und verwandelt. Es eilt in Liebe dem Ozean zu, bringt seine Gaben mit, reinigt sich selbst, steigt in seiner leichtesten Form zum Himmel empor, um als Regen zurückzukehren und seine Arbeit von neuem zu beginnen.

Wasser ist das große Lösungsmittel, das imstande ist, sogar Eisen aufzulösen. Es ist nicht nur fähig, dies zu tun, sondern es muß dies vollbringen, denn das ist sein Lebensgesetz. Eine andere Kraft, mit der es ausgestattet ist, besteht in seiner unzähmbaren Energie. Immer in Bewegung, dringt es in jede Höhlung und in jeden Spalt ein, steigt als Dampf zum Himmel und kommt als Regen zurück.

Wenn es auch große Kraft besitzt, wirkt es doch um so besser als Lösungsmittel, wenn ihm das Kohlendioxyd hilft; so ist also auch dieses Gift eine Wirkkraft der Natur und ein Freund des Wassers, mit dem es zusammenarbeitet. Der Regen nimmt im Fallen begierig das Kohlendioxyd aus der Luft auf, mit dem Vorteil, sie so von dem Schadstoff zu reinigen und das Wasser mit der Energie zu versehen, die ihm hilft, die Felsen aufzulösen. So ausgestattet, ist es ein mächtiger Bergmann, der tiefer in die Erdkruste eindringt als irgendein Mensch es vermag, um die verborgenen Schätze der Erde in Umlauf zu bringen zur Erfüllung des kosmischen Plans. Je tiefer das Wasser eindringt, desto größer ist der Druck und desto mehr sättigt sich das Wasser mit Kohlensäure, bis es übersättigt als Quelle hervorschießt und den auf seiner unterirdischen Reise gesammelten Reichtum ablädt. Geysire und heiße Quellen bringen, wie auch Vulkanausbrüche, mineralischen Reichtum an die Erdoberfläche.

Die Phantasie kann uns so ein Bild von der urzeitlichen Erde bieten: nackte, braune Felsen, nicht gemildert durch das Grün von Gras oder Laub, ohne den Laut eines Vogels, eines Lebewesens, die Stille nur unterbrochen vom Prasseln der Wasserfälle, vom Dröhnen des Donners oder vom Grollen der Steinlawinen. Die düstere braune Kruste wird allmählich verändert und von gastlicheren Schichten überlagert. Bevor sie jedoch die Heimat lebender Wesen werden können, muß eine Wirkkraft die Reinheit der Luft sichern, die sie später atmen werden.

Die Luft ist die natürliche Umgebung für das Tier, wie es das Wasser für den Fisch ist. Der Atemluft beraubt zu sein, ist schrecklicher als das Fehlen von Nahrung oder Wasser. Und diese so nötige Luft ist eine empfindliche Mischung von Sauerstoff und Stickstoff in einem bestimmten Verhältnis, die dazu eine kleine Menge Kohlendioxyd enthält. Ein geringfügiges Anwachsen des letzteren Bestandteils macht die Luft unatembar und führt zum Erstickungstod. Auf der urzeitlichen Erde müssen diese giftigen, von Geysiren und ungeheuren Kraterschlünden ausgespieenen Gase immer vorhanden gewesen sein. In der atembaren Luft ist Kohlendioxyd lediglich im Verhältnis 3:10000 enthalten. Wie wurde wohl das empfindliche Gleichgewicht erreicht und erhalten, daß das Leben seine Rolle in der künftigen Schöpfung der Welt spielen konnte? Sicherlich ist hier wieder die Annahme einer leitenden Intelligenz erforderlich. Die unbeseelte Schöpfung ist vollendet, es ist das Stadium erreicht, da die Natur die Felsen zu kleiden und den Boden fruchtbar zu machen hat, um eine lebende Welt zu schaffen. In unserer Phantasie hören wir wieder einen Aufruf, der zugleich ein Befehl ist: „Kommt, ihr Pflanzen, auf die Wüste; lebt in ihr, verwandelt sie in Schönheit und paßt die Bedingungen, die ihr findet, den Bedürfnissen der Geschöpfe an, die euch folgen werden. Dringt in die fernsten Winkel der Erde ein und tut eure Arbeit!" Das Pflanzenleben, das sich schon im Meer eingerichtet hatte, hörte diesen Ruf und unternahm den notwendigen Sprung auf das Land. Es fand ganz gewiß dort keine besseren Bedingungen, denn die vorherigen waren seinen Lebensbedürfnissen schon ideal angepaßt und würden auf dem Lande weit davon entfernt sein. Aber der Sprung ereignete sich an allen Ufern – des Meeres, der Seen und der Flüsse. Die Invasion begann, die die Wüste aufblühen ließ wie die Rose.

Die neuen Rekruten mußten für die übernommene Aufgabe ausgerüstet werden. Und so gab ihnen die Sonne, der mächtige Gott ihrer Anbetung, die reiche Gabe des Grüns, des Chlorophylls, das sie begierig das in der Luft gefundene Kohlendioxyd verschlingen und Sauerstoff ausatmen ließ. Wo immer sich das Grün ausbreitete, wurde die Luft so gereinigt. Und zur rechten Zeit war die Welt für das tierische Leben bereit, so daß es seinen evolutionären Aufstieg beginnen konnte, den Aufschwung des Lebens in Richtung der Vervollkommnung der Leistungswirksamkeit.

Man schätzt, daß die Entwicklung der Pflanzen auf der Erde – von den Algen, Moosen und Flechten über die Farne zu immer komplexeren Formen von Kraft und Schönheit – etwa 300 Millionen Jahre gebraucht hat. Die Vegetation hat ihr Abenteuer mit Freude ausgeführt, sie eroberte die Erde, wuchs zum Himmel empor, indem sie mit kräftigen Wurzeln in die Erde griff, um die majestätischen Stämme zu tragen, überdacht von Astgeflecht und Laub, in dem sich im Sonnenschein Millionen hungriger Münder öffneten, um Kohlendioxyd aufzunehmen. Indem sie so lebten und sich vervollkommneten, erfüllten sie ihre kosmische Arbeit. Und sie erfüllten eine weitere Aufgabe im Sterben, denn die abgestorbene Vegetation verwandelte sich in die unerschöpflichen Kohlevorräte der Erde. Was hätte der Mensch unserer Tage erreicht ohne diese Kohle, die für ihn gespeichert wurde?

Viele lange Zeitalter hindurch beherrschte das Pflanzenleben die Erde. Die einzigen Tiere waren kriechende und fliegende Insekten, manche von ungeheurer Größe. Der Boden war sumpfig und heiß, und es gab noch nicht den Wechsel der Jahreszeiten, da die Erdachse auf der Bahn um die Sonne nicht ihre gegenwärtige Neigung hatte. In verschiedenen Regionen sank das Land langsam ab, wie es auch heute noch geschieht, so daß ehemals trokkene Wälder sumpfig wurden. Flußwasser sickerte zwischen den Wurzeln hindurch, die seinen Lauf behinderten und bildeten mit ihren Ablagerungen an den Küsten Wälle, bis die Sedimente die alten Wurzeln zudeckten, der Boden ein neues Niveau erreichte und sich zur Schicht ablagerte. Es gibt Stellen, wo hundert abgestorbene Wälder übereinander begraben liegen und so zeigen, wie lang die Periode ihres Absinkens war. Die versunkene Vegetation gärte und gab Gase ab. So entstand zunächst der Torf, wie man ihn in den Torfmooren Irlands und Hollands findet. Unter weiterem Druck verwandelte sich der Torf in Braunkohle und schließlich in Steinkohle, die bestimmt war, die bewegende Energie unserer industriellen Zivilisation zu bilden. In den Vereinigten Staaten gibt es in einem einzigen Vorkommen eine zwölf Meter mächtige und sich über 140 Quadratmeilen ausdehnende Kohleschicht! Alle diese Kohlenschätze der Erde entstanden durch das Absinken bewaldeter Regionen in der Karbonzeit. Die arktischen Gebiete, wie Alaska und Sibirien bestehen fast ganz aus Kohle, so daß es dort riesige Wälder und ein tropisches Klima gegeben haben muß.

Ein anderer demütiger Arbeiter im Laboratorium der Erde war die Eisenmikrobe, die ihre Schale aus dem Eisen bildet, das ihr, vom Wasser gelöst, aus dem Inneren der Erde herbeigebracht wurde; und sie hinterließ nach ihrem Absterben ihre Überbleibsel zwischen den verwesenden Pflanzenformen. Wo immer es faules und stehendes Wasser gibt, kann man braune

Stellen sehen, die die Eisenmikrobe noch immer bei der Arbeit zeigen, wie es zu der Zeit war, als sich Eisenlager Seite an Seite mit der Kohle bildeten: Eine wirkliche Annehmlichkeit für die moderne Industrie! Diese gleichen Mikroben produzierten auch eine ölige Substanz, die uns heute das Erdöl schenkt.

Es ist nicht zuviel gesagt, daß wir all unseren modernen Wohlstand, unsere moderne Leistungsfähigkeit den Pflanzen und Tieren im Meer und auf dem Lande verdanken, die in ihrem Leben und in ihrem Sterben für uns gespeichert haben, so daß wir auch leben, atmen und arbeiten können und fortfahren, das göttliche Gebot zu erfüllen: „Seid fruchtbar und mehret euch und erfüllet die Erde!"

Hier endet in unserem Bericht über die Schöpfung eine Epoche. Ihr letztes Kapitel war die Invasion und die Besiedlung des Landes durch die Pflanzen. Die Natur leitet diese Pflanzen zu ihrem Abenteuer, siegend erstaunliche Leistungen zu vollbringen, nur um schließlich unter der Erde begraben und in Kohle verwandelt zu werden. Müssen wir daraus schließen, daß die Natur bei der Ausführung des kosmischen Planes grausam ist? Aber nein! Indem sie ihnen in ihrem ökonomischen Haushalt eine wesentliche Arbeit zur Ausführung übertrug, gab sie dieser Pflicht die Form der Befriedigung eines unbeirrbaren Verlangens: Freude und nicht schmerzliches Opfer. Das Leben allein kann sagen: „In meinem Dienst herrscht vollkommene Freiheit!" Arbeit als kosmischer Ausdruck ist immer eine Lebensnotwendigkeit und eine Freude; ihr auszuweichen bedeutet Untergang, das Schicksal der Ursünde des Ungehorsam.

(8) *Ein urzeitlicher Weltkrieg*

Nach vielen Jahrtausenden allmählicher und friedlicher Wandlung der Erdoberfläche, der durch viele Wirkkräfte erhaltenen Ausgeglichenheit zwischen Land und Meer, der Anreicherung des Erdbodens und der Lagerung von Bodenschätzen für künftige Generationen, wurde – so können wir uns vorstellen – die Erde an einem kritischen Punkt ungeduldig und rebellierte. Sie wollte nicht länger ertragen, wieder vom Wasser bedeckt zu werden, sondern schickte sich zu Verteidigungsmaßnahmen an, um die Gegner in Schach zu halten. Überall an ihren Küsten begannen Vulkane Feuer zu speien und schleuderten Massen geschmolzenen Gesteins und kochenden Schlamms heraus, welche Gebirgsbarrieren in Asien, Nordeuropa und Afrika bildeten, die Rocky Mountains und die Anden in Nord- und Südamerika. Das war in der Tat ein Millionen Jahre dauernder titanischer Weltkrieg, der sich bis nach Australien, Ostindien und den Philippinen ausbreitete und riesige Barrieren errichtete, so daß das Wasser sie nicht durchdringen konnte und Teile des Meeres abgeschnitten wurden. Sie wurden zu Seen, deren Wasser dann verdunstete und Sandwüsten zurückließ. Außerdem scheint es so, als habe in dieser Zeit die Sonnenwärme nachgelassen, oder daß die Erde sie nicht in dem früheren Maße aufnehmen konnte, da Eis und Gletscher sich überall ausbreiteten und nur die Äquatorialregionen warm blieben. Ergebnisse dieses Krieges der Giganten waren unter anderem ungeheure Salzablagerungen, sogar an Berggipfeln, wo sie heute helle Zinnen bilden. War die Aussonderung überflüssigen Salzes aus dem Ozean, das zu dieser Zeit dem Meeresleben gefährlich werden mußte, ein Grund für diesen großen Konflikt, den unsere Phantasie rekonstruiert? Mit Sicherheit wurde in der Permzeit die Reduzierung des Salzgehaltes des Meereswassers dringend notwendig. Und dies konnte nicht durch Lebewesen bewirkt werden, die Schalen aus Natriumchlorid bildeten, wie es mit dem überflüssigen Calciumcarbonat hatte geschehen können. So mußte das Wasser auf das Land gelockt werden, wie wenn ein kosmischer Koch die zu salzige Suppe[20] weggeschöpft und durch Wasser ersetzt hätte. Ein Koch, der auf diese Weise

[20] Bei Stoppani gibt es auch dieses Bild von der „Suppe" (a. a. O. S. 285), aber nüchterner; übrigens taucht das „Suppen"-Gleichnis weiter unten noch einmal auf (S. 105 f.), dort aber zur Illustration von Kulturvermischungen.

den Geschmack einer Mischung veränderte, würde sicherlich nicht die entnommene Flüssigkeit wegschütten. Und gerade so wurde das in großen Salzwasserseen abgeschnittene Meereswasser lediglich für einen Zweck aufbewahrt: Das Wasser, um zu Wolken zu verdunsten, dann zur Erde und durch die Flüsse zum Meer zurückzukehren; und das Salz, um in Form reicher Lager für die Nutzung durch den Menschen in späterer Zeit zurückzubleiben.

Statistiken zufolge brauchen die Menschen eine Milliarde Tonnen Salz im Jahr, und sie haben Salz seit undenkbaren Zeiten gebraucht. Daher waren große Salzlager notwendig. Es gibt hundert Meter mächtige Salzstöcke, prächtige Paläste aus kristallisiertem Salz, mit hohen Kuppeln, deren diamanten funkelnde Pfeiler sich in stillen Seen am Höhlenboden spiegeln. Ein solches Salzlager liegt an der österreichisch-bayrischen Grenze, in der Nähe des bekannten Ortes Berchtesgaden. Es wird seit zwölfhundert Jahren abgebaut, aber es besteht immer noch keine Gefahr seiner Erschöpfung. Denn es handelt sich um eine Kette solcher Salzgebirge, die aus einer Tiefe von fünftausend Fuß unter der Erdoberfläche aufragen. In Sizilien erstreckt sich ein Salzgebiet über zweitausendvierhundert Quadratmeilen, und in Polen nimmt ein anderes dreiunddreißigtausend Quadratmeilen ein und besitzt eine Mächtigkeit von einhundert Metern. Kleinasien, Rumänien, Persien und Indien haben ihre Salzberge. Südamerika besitzt eine Kette von Salzbergen mit kegel- und pyramidenförmigen Gipfeln, die wie Diamanten in der Sonne glänzen. In Tibet, im Hindukusch wie in Abessinien existieren große Salzlager. Sie belegen in diesen Höhenlagen die frühere Existenz inzwischen verdunsteter Binnenseen, die auch durch die in den Felsen gefundenen fossilen Überreste von Meereslebewesen bezeugt werden.

Die Errichtung dieser mächtigen Wälle vollbrachte die Erde in ihrer Wut, in einer Art feuriger Erregung. Aber auch noch jetzt, in ihrer friedlicheren Stimmung geht die Arbeit weiter, durch die das Gleichgewicht erhalten bleibt, wird die Erde für ihre Verluste durch Erosion und Absinken entschädigt und die See von überschüssigem Salz befreit. Man kann diesen Prozeß an den Salzseen rings um das Rote Meer erkennen, in den Deltas, wo Flüsse wegen der ihnen entgegenstehenden Barrieren gezwungen sind, neue Mündungen zu finden, in den Lagunen des Mississippi und bei Odessa. Wäre die Straße von Gibraltar nicht so tief, so wäre das Mittelmeer eine Lagune. Im Großen Salzsee in Nordamerika kann nur eine bestimmte Art von Schalentieren leben, und das Tote Meer ist ein anderes bekanntes Beispiel eines verdunstenden Meeresteils.

Der titanische Kampf, der das Gesicht der Erde so sehr veränderte und große abgetrennte Meeresgebiete hinterließ, schloß die Protozoikum genannte Periode ab. Das nachfolgende Zeitalter bezeichnen die Geologen als das Mesozoikum. Es sollte hundertfünfzig Millionen Jahre dauern. An seinem Anfang waren die Reptilien die Könige auf dem Land. Sie hatten sich aus den ersten Amphibien entwickelt, Geschöpfe, die sowohl im Wasser als auf dem Lande leben konnten, aber immer noch ihre Eier im Wasser ablegten, wie es heute noch die Frösche tun. Das Trias, der erste Unterabschnitt des Mesozoikums, erlebte die größten Amphibien, besonders eine Krötenart, die ihre Fußabdrücke im Sand von Flußmündungen hinterließ. Diese Spuren wurden von Ablagerungen ausgefüllt und blieben als Steinabdrücke bis heute erhalten. Es war eine riesige und sehr unbeholfene Kröte, die ihre kurzen Beine mehr als Ruder benutzte, um ihren plumpen Körper fortzubewegen. Sie strengte sich sehr an, bessere Beine zu entwickeln, und einigen ihrer Art gelang es schließlich zu laufen. Ihre Füße hatten drei Zehen, so daß man ihre Fußabdrücke zunächst für Abdrücke von Vögeln hielt, bis man auch Skelette fand. Manche empfanden den Drang, weiter landeinwärts zu ziehen, indem sie sich mit ihrem Körper wanden, statt Beine zu entwickeln, und brachten so Reptilienformen hervor, einige davon mit Flügeln auf dem Rücken, die ihnen vielleicht zunächst beim Laufen helfen sollten. Fossile Überreste dieser „Flügel“ zeigen gebrochene Knochen, als ob sie sich mehr als Hindernis denn als Hilfe erwiesen hätten. Die Tiere besaßen Zähne, die zum Zerquetschen, aber nicht zum Zermahlen geeignet waren. Noch jetzt zerquetschen die Reptilien ihre Nahrung vor dem Herunterschlingen und unterscheiden sich so von den anderen Tieren. Alle diese Tiere der Triaszeit fraßen ungeheuer viel, ernährten sich von Bäumen mit sehr zähen Blättern und von harten Früchten wie Kieferzapfen. Sie brauchten also sehr starke und oben platte Zähne. Diese Tiere veränderten die Oberfläche der Erde durch ihre organischen Überreste, die den Boden für höhere Vegetationsarten zubereiteten.

Im nächsten Abschnitt des Mesozoikums, dem Jura, erschienen gleich monströsen Eidechsen die Reptilien der Saurierfamilie. Sie waren so schwer, daß sie das Wasser zur Stütze benötigten, um sich aufrecht zu halten, und verbrachten ihre meiste Zeit in den Sümpfen. Im Verhältnis zu ihrer Körpergröße hatten sie sehr kleine Köpfe; es waren wenig intelligente, träge, ständig fressende Geschöpfe. Dem Dinosaurier folgten einige etwas kleinere Saurier nach, die jetzt – da es reichlicher Fleisch gab – zu Fleischfressern wurden. Sie konnten sich viel schneller bewegen, indem sie auf ihren Hinterbeinen liefen, mit denen sie Schritte bis zu einundzwanzig Fuß machen und ihre Beute anspringen konnten. Sie waren sehr wild und hatten Zähne von acht Zoll Länge. Einige Saurierarten entwickelten die Fähigkeit zu fliegen – sie waren gleichsam die Originale der Drachen der alten Sagen –, und die Flügel des Pterodactylus besaßen eine Spannweite von zwanzig bis fünfundzwanzig Fuß. Die zwei häutigen Schwingen wurden beide von einem Arm und einem Finger getragen, während die anderen Finger in etwa wie bei den heutigen Fledermäusen zum Festhalten dienten. Einige dieser Reptilien wurden schließlich ihres Landaufenthalts müde und kehrten ins Meer zurück, wie der Ichthyosaurus, dessen Name „Halb-Fisch und Halb-Eidechse“ bedeutet.

Nun konnte die Evolution ihren Gang beschleunigen: Höhere Formen des Lebens konnten die Bühne betreten.

(9) *Die Kreidezeit*

Dieser letzte Unterabschnitt des Mesozoikums hat seinen Namen von den Ton- und Kreideablagerungen, welche die in ungeheurer Zahl im Meer lebenden Foraminiferen hinterlassen haben. Ihre Gehäuse waren runde Schalen aus elf Ringen. Sie wurden sehr viel später bei den Römern als Münzen benutzt. Damals traten auch die Radiolarien (die Hippuriten) auf und ein Rodist genanntes Schalentier, das aufrecht stehen und sich bei drohender Gefahr in sein Gehäuse zurückziehen konnte.

Auf dem Land waren feiner entwickelte Bäume mit fächerähnlichen Blättern entstanden, und die Reptilien hatten sich mit harten, knöchernen Platten auf dem Rücken und an den Seiten, manche auch mit Stacheln, gewappnet. Ein Reptil besaß Hörner, zwei an seinen Augen und zwei an seiner Nase, die eine Krone bildeten. So erhielt jede dieser Arten von der Natur gewisse Verteidigungsmöglichkeiten gegenüber den fleischfressenden Nachbarn. Aber kein Schutz konnte sie vor der Auslöschung gegen Ende des Mesozoikums bewahren, als sie viel schwächeren Geschöpfen weichen mußten: der beste Beweis dafür, daß „das Überleben des Stärkeren" nicht das oberste Gesetz der Natur ist. Es scheint, daß die direkte Ursache ihres Verschwindens darin lag, daß sie nicht genügend für die nachfolgenden Generationen sorgten, indem sie nur wenige Eier legten und diese wenigen kleineren, aber intelligenteren Tiere zum Fraße überließen. Ihre ungeschützten Jungen wurden so zur Beute, weil ihre Eltern nicht bei ihnen blieben. So erfüllten diese dummen und trägen Monster keinen nützlichen Zweck mehr außer dem einen, Dünger für den Erdboden zu werden!

Wunderbar wegen der daraus sich ergebenden Folgerungen ist die biologische Entdeckung, daß ihre Nachfolger in der Entwicklung die körperlich schwachen Vögel und Säugetiere waren, deren Stärke aber vor allem im Mutterinstinkt lag: sie waren bereit, ihre Jungen bis in den Tod zu verteidigen. Wenn die Evolution nur Größe beabsichtigt hätte, wie hätten dann freundliche Vögel wilden Ungeheuern als Erben ihres Reiches nachfolgen können? Jedoch der Instinkt des Schutzes ihrer Jungen, den sie ebenso wie die Säugetiere zeigen, ist das wahre Merkmal des Fortschritts in der Entwicklung, mehr als das allmähliche Verschwinden der Zähne und die Entwicklung von Federn. Die Natur entwickelte sich, indem sie stark machte, was ein schwacher Punkt im tierischen Verhalten gewesen war: Sie schenkte die neue Kraft, die man „Liebe" nennt. Sie hat sich, solange sie herrschte, als mächtige Leidenschaft erwiesen, die einen kleinen Vogel Furcht und Sorge um sich selbst vergessen ließ. Ganz bezeichnend paßt dies zur Warmblütigkeit. Die Gottesgabe der Liebe offenbart sich bei den Säugetieren wie bei den Vögeln, und wir erkennen in ihr das Geheimnis des Überlebens!

Die einzigen gepanzerten Reptilien, die noch heute leben, sind die Krokodile und die Schildkröten. Und immer noch ist es die Gewohnheit der Schildkröte, ihre Eier in den Sand zu legen und sie so Vögeln und anderen Tieren zur Nahrung zu überlassen. Man vergleiche das mit der Sorgfalt, mit der die Vögel ihre Nester an abgelegenen Stellen verbergen und darüber wachen, daß sie nicht entdeckt werden. Oft locken sie Feinde fort, indem sie sich selbst der Gefahr aussetzen. Man beobachte, wie junge Vögel fliegen lernen und beide Eltern besorgt und gänzlich selbstvergessen daran teilnehmen!

Der französische Naturforscher Fabre stellte diesen neuen Gedanken in seinen Büchern über „Die Liebe der Tiere" und „Das Leben der Insekten" vor. Er war ein für die Poesie empfänglicher Wissenschaftler, für den Zauber, der aus dem einzigen Wort „Nest" spricht und seinen Assoziationen von Zärtlichkeit. Aber noch stärkerer Liebe als die Vögel sind die Säugetiere fähig, die ihre Jungen beschützen, indem sie sie in ihrem eigenen Körper wachsen lassen, sie nach der Geburt mit ihrem eigenen in Milch verwandelten Blut ernähren, und sich überdies unter großen Opfern ihrer Hilflosigkeit annehmen. Vögel und Säugetiere sind warmblütige Lebewesen, nicht kaltblütige, wie die gefühlsarmen Reptilien.

Die ersten Säugetiere, die auf der Erde erschienen, waren klein und nahezu unbedeutend. Und doch waren sie dazu bestimmt, die Könige der nächsten Entwicklungsperiode der Erde zu werden. Sie wurden schnell größer und nahmen die Körpergestalt an, die die bis heute überlebenden Arten noch zeigen. Fossile Überreste von Pferden, die man gefunden hat, hatten die Größe eines kleinen Hundes, besaßen Füße mit fünf Zehen, lebten in Wäldern und ernährten sich von Laub. Später lernten sie, sich zu schnellem Laufen auf die Zehenspitzen zu erheben, die Knie der Hinterbeine begannen, sich nach hinten statt nach vorne zu biegen [21], und die nicht gebrauchten Zehen tendierten – den mittleren alleine beibehaltend – zu verschwinden, während der Rest des Fußes sich wie bei den heutigen Pferden und Eseln im Huf vereinigte.

Auch die Elefanten waren klein und ähnelten eher langhalsigen Schweinen. Bevor der Rüssel sich ausbildete, hatten sie 36 Zähne, von denen zwei länger wurden und zehn wegfielen, als die Nase sich zu einem Rüssel verlängerte. Zu dieser Zeit hatte das Tier erst die Größe eines kleinen Säugetieres, eines wirklichen Liliput-Elefanten erreicht!

Das früheste Kamel, das man fand, hatte die Größe eines Kaninchens, scheint sich aber bald bis zu der eines Schafes entwikkelt zu haben. Sein Hals wuchs übermäßig, ähnlich wie der der Giraffe, so daß man die fossilen Überreste zuerst Kamel-Giraffe nannte. Es fraß die Blätter von Bäumen, wobei es seinen Hals ausreckte, um sie zu erreichen. Die Kamele gingen später zum Leben in Wüsten über, und so wuchsen dann die Höcker zur Speicherung von Nahrung und Wasser.

Auch das Nashorn war anfangs klein, besaß eine schlanke und längliche Gestalt mit dünnen, zu schnellem Lauf fähigen Beinen. Den Känguruhs wuchsen Beutel, um ihre Jungen darin zu tragen, wie sie es noch jetzt in Australien tun. Wilde Tiere

---

[21] Es ist verwunderlich, daß Montessori als Ärztin hier dem Augenschein folgt und nicht der Erkenntnis der Wissenschaft.

waren die Säbeltiger, aber die meisten von ihnen waren Pflanzenfresser. In den kalten Regionen lebte dann ein gigantisches Säugetier. Man fand seine Überreste konserviert im Eis; als man es daraus befreite, war es noch frisch genug, daß Wölfe und Hunde es fraßen.

Säugetiere wie diese entwickelten sich zu den uns heute bekannten Tierarten und unter ihnen auch jene, die man für den Menschen im Känozoikum oder Tertiär, vor 580 000 Jahren annahm. Die Wissenschaftler zögern, den Menschen ganz in das tierische Leben einzuschließen, und es ist eine Tatsache, daß man keine direkte Verbindung zu ihm gefunden hat und daß man menschliche Überreste aus einer früheren Epoche als der der großen Affen entdeckt hat, die ihnen am ehesten ähneln.

Die Erde war nun für Lebewesen mit feineren Bedürfnissen gerüstet, denn ihr Boden war reich an organischen Substanzen zu ihrer Ernährung, und Gräser zum Weiden bedeckten ihn. Neue Bäume und andere Pflanzen hatten sich entwickelt, die sich statt durch Sporen durch Samen verbreiteten, mit Blüten wie passendem Schmuck für das neueingerichtete Haus des Lebens. Die Zeit, da Flechten, Moose und Farne den blühenden und samentragenden Pflanzen wichen, bezeichnet einen Höhepunkt der Pflanzenentwicklung. Der Hilfe der fliegenden Insektenarten zur Befruchtung versicherten sie sich durch das Annehmen anziehender Farben und Düfte, die der helfende Wind weit forttrug. Ihre Mannigfaltigkeit war unendlich groß, denn es mußte verschiedenster Geschmack berücksichtigt werden, und jede Blüte hatte ihren besonderen Freund unter den Insekten. Die Pflanzen bereiteten den Nektar, und die Insekten machten sich schöner für die Einladung zum Fest; die Biene, indem sie zu ihrem Kleid Pelz und Samt anlegte, und der Schmetterling durch die lebhaft schimmernden Farben seiner Flügel. Die Zusammenarbeit zwischen Pflanzen und Tieren war vollkommen. Die Bienen transportierten an ihrem pelzigen Leib die Pollen zur Befruchtung der Blüten, die sie besuchten, um ihren Zoll an Wachs und Honig einzutreiben. So wurde das Bedürfnis beider befriedigt und zugleich der tieferen Absicht der Natur gedient.

Überall war mildes Klima vorherrschend, Magnolien und Myrthen wuchsen in heute arktischen Regionen. Die Erde muß wirklich wunderschön gewesen sein, und die Monster mit ihrer groben Dummheit und Häßlichkeit paßten nicht zu ihr. Einige versuchten eine „Schlankheitskur", verkürzten ihre Beine und brachten es fertig zu überleben, besonders jene, die die Intelligenz besaßen, sich selbst in Schlangen zu verwandeln. Diejenigen, die zu der Anstrengung der Anpassung zu träge waren, mußten völlig untergehen. Die Schlangen waren die direkten Abkömmlinge der „Drachen". Sie waren vor dem Auftreten des Menschen nicht giftig. An ihrem Unterkiefer entwickelten sie ein Doppelgelenk, das sie befähigte, Tiere größeren Umfanges als ihres eigenen zu verschlingen; und immer haben sie den Ruf großer Schlauheit oder sogar Weisheit bewahrt.

(10) *Die Erde wieder in Wehen*

Die Erde zitterte in Erwartung und froher Vorahnung. Ihr Herz klopfte in der Teilnahme an der Freude der Schöpfung. Beben durchliefen ihren Körper, und Tränen der Erregung überflossen sie in neuen Strömen. Ganz anders war ihre Stimmung als vor Zeiten in der Perm-Epoche, als sie Krieg gegen die eindringenden Meereswasser führte. Nun war sie sanfter und ruhiger und spürte, in ihrem ganzen Sein ergriffen, die nahe Ankunft des Menschen, des ihr bestimmten Herrn; und in neuer Fülle wurden Gaben zu seinem Nutzen hervorgebracht. Angenehme Wärme und Freundlichkeit brachen in ständigem Fluß in vielen Regionen der Welt hervor. Alle Arten von Mineralien, die die Erde in ihren Werkstätten hergerichtet hatte, wurden an die Oberfläche gebracht und dort abgelagert. Eins dieser Mineralien war eine schimmernde Substanz, die wie Salz aussah; es war der später von den Menschen so sehr hoch geschätzte Diamant. Indien erhielt als Schauplatz der größten Erschütterungen der Erde in reichem Maße Anteil an diesem großen Geschenk der mineralischen Schätze. Wenn es heute nicht als das reichste Land gilt, ist das deswegen, weil seine Söhne diesen Reichtum erst noch freilegen müssen. Wenn sie das nicht selbst tun, werden andere, die mehr arbeiten und denken als sie, unvermeidlich ihren Platz einnehmen. Geschmolzenes Gestein kristallisierte sich bei der Abkühlung nicht nur in der Gestalt von Diamanten, sondern auch von Smaragden, Saphiren und anderen Edelsteinen. Aus dem Harz der Bäume entwickelte sich Bernstein, in welchem gelegentlich Insekten gefangen wurden und erhalten blieben. Die Griechen sollten später den Bernstein besonders schätzen, den sie Elektron nannten und dem sie magische Kräfte zum Schutz vor dem „bösen Blick" zuschrieben. Zahlreich sind die verborgenen und schon entdeckten Schätze der Erde, deren Kräfte noch gar nicht alle erforscht sind. Die Natur hat sie unweit der Oberfläche verborgen, damit die Menschen sie suchen und ausgraben. Die Neugier eines Kindes führte zur ersten Entdeckung der Diamanten in Kimberley, wodurch die Minen Südafrikas entstanden. Ob wohl der Tag kommen wird, da es so massenhaft Diamanten gibt, daß sie nicht mehr wertvoll sind?

In ihrer Erschütterung faltete sich die Erdkruste und bildete Gebirgskämme, durch die wiederum Binnenseen abgeschlossen wurden. Die Temperaturen wurden weithin veränderlicher. Geschützte Täler waren warm, während Eis und Schnee die Hochgebirge bedeckten und sich als Gletscher langsam bis in die Ebenen ausdehnten. Diese Eisschicht schob sich bald überall über die Erdoberfläche, schliff Hügelkuppen ab und verwandelte sie zu Staub. Sie stieß sogar bergan vor, bedeckte Europa, Amerika und Nordindien mit einer Eisschicht von ein bis zwei Meilen Dicke. Das war sicherlich ein frostiger Empfang für den Menschen, ein Wesen ohne irgendeinen Schutz durch Pelz, und das in einer Eiszeit, die mehrere tausend Jahre dauerte! Aber es gab wärmere Täler, in denen er leben konnte, und das Eis bildete selbst eine Vorbereitung für die Arbeit des Menschen, denn es zerrieb das Felsgestein und hinterließ sehr fruchtbaren Boden. Die Erde begrüßte ihren Sohn mit Freude, aber bot ihm Arbeit, nicht schwächende Behaglichkeit an!

Obwohl zahlreiche Karten angefertigt worden sind, daß das Kind sich mit ihnen eine Vorstellung von der Natur und dem Gang der Entwicklung des Lebens machen kann, verlangt die Montessori-Methode nicht, daß es Namen oder Daten auswendiglernt. Es soll nur sein Interesse geweckt werden bei der Betrachtung, wie das Fortschreiten der Evolution sich kontinuierlich beschleunigte. Zuerst müssen Samen des Interesses in den Geist des Kindes gesät werden; sie sind leicht zu verpflanzen, wenn sie nur vorher in dem des Lehrers sind. Und dann muß alles vorbereitet sein, daß das Kind auf seine Fragen vollständige Antworten erhalten kann, wenn es nach weiterer Kenntnis verlangt. Die Kinder lieben es anfangs, Karten mit separaten Abbildungen, die nur die Epochen zeigen, zu ordnen. Das Verständnis wird durch die Isolierung der Schwierigkeiten unterstützt, indem zu einer Zeit nur eine Sache zum Betrachten vorgelegt wird, um Konfusion zu vermeiden. Das Kind hat kein Interesse für ein verwirrtes Knäuel von auswendigzulernenden und geordnet aufzusagenden Fakten. Einige neuere Pädagogen befürworten dagegen, dem Kinde die Freiheit zu geben, nur zu lernen, was es möchte, aber dies ohne vorherige Vorbereitung seines Interesses. Dies ist ein Bauplan ohne Fundament und ähnelt den politischen Methoden, die heutzutage Freiheit der Rede und Freiheit der Wahl ohne Bildung anbieten. Das Recht zum Ausdrücken von Gedanken, wo keine Gedanken zum Ausdrücken da sind und kein Denkvermögen besteht! Notwendig für das Kind wie für die Gesellschaft ist Hilfe zum Aufbau geistiger Fähigkeiten, wozu vor allem das Interesse gewonnen werden muß, damit ein natürliches Wachstum in Freiheit folgen kann. Mein Wunsch ist, Blinden Sehkraft zu geben, damit sie selbst sehen können, vielleicht mehr als ich zu sehen fähig bin. So ist die Liebe einer Mutter, die ihrem Kinde hilft, allein zu gehen, wenn es auch diese Fähigkeit dazu benutzen kann, von ihr fortzulaufen.

Fortschritt besteht im Vollbringen einer Leistung in kürzerer Zeit. Die Kinder begreifen das, wenn sie für die letzten mit den Karten dargestellten Zeiträume mehr Bilder ablegen müssen. Sie sehen, wie kurz die Zeitspanne des Menschen gewesen ist, verglichen mit dem, was vorangegangen war, und wie großartig dennoch ihre Leistung gewesen ist. Das Kind darf sich frei mit diesen oder anderen Punkten seines Interesses beschäftigen, da ihm das Material die gleichen Fakten unter verschiedenen Gesichtspunkten darbietet. Die Engramme müssen zum Wirken gebracht werden und Zeit bekommen, damit das Bewußtsein klar werden kann. Einige Kinder mögen überhaupt nicht interessiert sein, andere mehr oder weniger Zeit brauchen, das von ihnen Gewünschte aufzunehmen. Eines hat unsere Erfahrung klar erwiesen: Fakten interessieren das Kind weniger als die Weise, in welcher diese Fakten entdeckt worden sind; und so können die Kinder an die Geschichte der menschlichen Leistung herangeführt werden, an der auch sie teilnehmen möchten.

(11) *Der frühe Mensch*

Mit dem Menschen kam etwas Neues in die Welt, eine psychische Energie des Lebens, anders als alle, die bis dahin zum Ausdruck gekommen waren. Von Beginn an benutzte er Werkzeuge, wie es kein Tier vor ihm getan hatte, obwohl manche von ihnen Hände besaßen, mit denen sie Gegenstände aufheben konnten. Der erste Mensch, dessen Spuren man aufgefunden hat, wird Paläolithiker (Altsteinzeitmensch) genannt, d. h. ein Mensch, der Werkzeuge aus Stein schuf; und obwohl sehr wenige Überreste von ihm gefunden wurden, ist seine Anwesenheit durch die Auffindung seiner Steingeräte aus gespitztem und geglättetem Feuerstein bewiesen. Es ist bezeichnend, daß dieser Mensch das Werk seiner Hände als Spuren seiner schöpferischen Intelligenz hinterlassen sollte, statt die seiner körperlichen Überreste unter denen der niedrigeren Lebewesen. Hierin zeigt sich der ungeheure Unterschied dieser neuen kosmischen Energie. Die Waffen und Werkzeuge des Menschen entwickelten sich bald von ganz rohen Formen zu feiner bearbeiteten, die sogar Versuche der Verzierung aufwiesen; und er begann Bilder in die Felsen zu ritzen.

Das paläolithische Zeitalter wird in eine primitive Periode mit groberen Steingeräten und eine sekundäre Periode mit feinerer Steinarbeit unterteilt, in der auch die Spuren der Existenz von Menschen zahlreicher und ausgedehnter wurden. Die primitive Unterperiode ist bei den Wissenschaftlern auch als Chelléen bekannt, und die Ethnologen sind zu dem Ergebnis gekommen, daß nicht weniger als zwanzig Gruppen in der Welt überlebt haben, die sich noch auf dieser Zivilisationstufe befinden, wenn sie auch heute unter der Herrschaft höherer Völker leben. Sie sind als Zeugen fernster Vergangenheit übriggeblieben, und zusammen mit den Funden der Geologen und Archäologen sowie den literarischen Überlieferungen der letzten fünftausend Jahre ermöglichen sie uns, die menschliche Entwicklung wie einen Film zu sehen.

Nach der frühesten hat jede nachfolgende Kultur höhere Ansprüche gestellt und so ihren Gang beschleunigt. Nicht als ob die Hauptwirkung darin bestanden hätte, das Leben leichter und glücklicher für das Individuum zu machen, sondern eher darin, daß die Umgebung mit jedem weiteren Fortschritt größere Anforderungen stellte und die Menschen sich nur mit ihrer Umgebung und in ihrem Dienst weiter entfalten konnten. Auch in einer hohen Kultur hat Stillstand immer Stagnation und Untergang bedeutet.

Der Mensch ist verhältnismäßig schwach, nackt, wehrlos und körperlich vielen anderen Säugern gegenüber im Nachteil. Aber ihm ist in reichem Maße Intelligenz gegeben. Denn er ist mehr als alle anderen Formen des Lebens, die sich entwickelt haben, dazu bestimmt, ein wesentliches Werk der Schöpfung zu vollbringen. Seine neue Waffe ist der Geist. Betrachtet ihn, wie er sich unter wilden Bestien mit reißenden Klauen und Zähnen bewegt, hilflos auch gegenüber den Schranken der Gebirge, die Nutzung und Unternehmung verwehren: seht ihn den Vogel beneiden, der mit seinen Schwingen den Himmel durchzieht, den Fisch mit seiner Fähigkeit zu schwimmen. Er konnte von Natur weder fliegen noch schwimmen, weder seine Feinde in Stücke reißen, noch ihnen schnell entfliehen. Aber die neue Waffe sollte sie alle an Wirksamkeit übertreffen. Mit der Zeit gewann er in allem Überlegenheit, nicht durch stärkere Arme und Beine, sondern durch das größere Gehirn und vor allem durch die Phantasie! Der Mensch ist der Hauptagent Gottes für die Schöpfung auf der Erde, und er ist nicht nur gekommen, um ihr Herr zu sein und sich wohlsein zu lassen, stolz und prahlerisch wie die Narren. Der Mensch, der sich seiner Überlegenheit und der seiner Rasse rühmt, wird niemals lange triumphieren; er stürzt und hinterläßt eine Spur von Mord und Vernichtung, wie die Geschichte vollauf beweist. Die wahrhaft Großen sind demütig! Aber wir dürfen mit Recht stolz darauf sein und uns darüber freuen, daß der Mensch seine Welt im langen Lauf der Zeiten in eine solche umgewandelt hat, die nun das Werk der Natur übertrifft. Der Mensch, der bei seiner Ankunft schlechtere Bedingungen fand, als sie für einen Robinson Crusoe vorstellbar sind, hat die Kultur aufgebaut.

Es gab drei Eiszeiten, die durch Zwischeneiszeiten unterbrochen waren. Die erste und die zweite Eiszeit dauerten länger und erstreckten sich weiter nach Süden. Nicht lange vor der Ankunft des Menschen erhoben sich die Gipfel des Himalaya und der Alpen, und es bildete sich der Pazifische Ozean dort, wo große Landmassen untergegangen waren. Vorher verbundene Regionen wurden getrennt. England und Irland kamen für lange Zeit ins „Kühlhaus“, und die Sahara war ein angenehmes und fruchtbares Gebiet.

In der dritten Eiszeit wurde die Erde zwar wieder mit Eis bedeckt, aber weniger weit nach Süden. Zwischen Alpen und Kaukasus erstreckte sich ein Korridor mit mildem Klima, in dem Menschen lebten. Ungefähr 14000 Jahre vor Christi Geburt schwand das Eis, und die Ströme ergossen sich mit solchen Wassermassen in den Ozean, daß eine neue große Flut entstand, die vielleicht das Urbild des Biblischen Berichts gewesen war.

Länder hoben und senkten sich, und während des Anhebens nahm Italien zugleich mit Spanien und Griechenland seine heutige Gestalt an, während der Ozean ins Innere vordrang, um aus dem, was vorher ein Fluß war, das Mittelmeer zu machen. Ein anderer Fluß wurde zum Roten Meer, und weiter westlich ergaben sich noch viele weitere Veränderungen. Die Erde wurde wieder ruhig und konnte beginnen, Toilette zu machen!

Während der unruhigen Zeiten hatten die Menschen zwischen den Eisfeldern – meistens in Wäldern oder an Wasserläufen – gelebt. In ihrer Nachbarschaft gab es gigantische Mammuts, Säbelzahntiger, Elche und Hirsche, kleine Pferde sowie eine Art Büffel und riesige Biber. Es gab noch keine Löwen oder normale Tiger, aber in der Acheuléen-Periode, die dem Chelléen folgte, traten kleinere Elefanten auf. Damals erschienen auch der Moschusochse, die Antilope und das Schaf. Diese ersten Menschen waren groß und zeigten noch eine geringe Intelligenz, obwohl sie einfache Werkzeuge gebrauchten. Nach 50000 v. Chr. erschienen Menschen einer kleineren und intelligenteren Rasse, die als Messer Steinsplitter benutzten, die sie mit einigem Geschick bearbeiteten. Ihre Nahrung bestand aus Beeren, Wurzeln, Schnecken, Eidechsen, Eiern und Fröschen. Tatsächlich waren sie Allesesser. Sie hatten seltsame Bestattungsriten und verehrten die Toten. Der Cromagnon-Mensch ähnelte ziemlich den amerikanischen Indianern. Während der dritten Eiszeit lebten Tiere und Menschen gleichermaßen zu ihrem Schutz in Höhlen. Der große Höhlenbär war für sie ein gefährlicher Nachbar. Als sich das Eis zurückzog, drangen Menschen und Tiere in die Wälder vor, und die Menschen lebten von der Jagd. Die Kunst erschien: Figuren wurden geformt, Köpfe von Pferden und anderer Tiere wurden an Felsen abgebildet. Man fing an, Halsketten und anderen Schmuck, Waffen und Haushaltgerät mit den Toten zu begraben; oft wurden sie sitzend aufgefunden, mit zum Kinn angehobenen Knien.

Wandervölker stießen von Afrika nach Norden vor, mit ihnen Löwen. Und aus Asien kamen andere, die große Pferde mitbrachten. Und in der Magdalénien-Zeit war der Mensch nicht mehr primitiv; er bearbeitete jetzt Knochen und Horn statt Stein, verwendete Knochennadeln zum Nähen, Harpunen und Spieße zum Fischen. Diese Harpunen werden von Abergläubischen noch als Glücksbringer angesehen, und es ist eigenartig, daß man sie in Spanien in der Nähe der Pyrenäen gefunden hat, an einer Stelle, wo die Existenz von Wasser zu der Zeit, als diese Geräte in Gebrauch kamen, nicht nachgewiesen ist. Man schließt daraus, daß sie dorthin gebracht worden sind und daß es schon einen Handel mit Artikeln des Luxus und der Kunst gegeben hat; denn sie waren wundervoll verziert, besonders die in Ägypten hergestellten Gegenstände. Wie gewöhnlich wurden die äußerlich nutzlosen Dinge, die die geistigen und ästhetischen Bedürfnisse des Menschen befriedigten, eher eingetauscht als Gebrauchsgegenstände, und die Menschen wagten dafür ihr Leben.

Der Homo sapiens war gekommen; und nachdem sich die Beunruhigungen durch die Große Flut – oder die letzte Flut, wenn es mehrere waren – gelegt hatten, war er in der Lage, den reichen und fruchtbaren Boden zu bebauen, Tiere für seinen Dienst zu zähmen und Hunde zu ihrer Bewachung zu halten. Er beherrschte alles: er bekleidete sich mit Fellen oder schafwollenem Stoff, verwendete Pfeil und Bogen sowie das Messer als Waffe, schmückte sich mit Jade, Gold und Bronze und formte kunstvolles Tongeschirr für seine häuslichen Zwecke. Dies war eine fortgeschrittene Kultur, und seit dieser Zeit konnten die beiden Typen des Hirten und des Bauern unterschieden werden, die durch viele Menschenalter hindurch miteinander im Streit liegen sollten.

(12) *Nomaden gegen Seßhafte*

Der Mensch war von Anbeginn an ein Jäger, insofern er sich gegen wilde Tiere von überlegener Stärke verteidigen mußte. Später tötete er der Nahrung wegen, als er mehr Geschmack am Fleischessen gewonnen hatte und seiner Geschicklichkeit sicherer vertrauen konnte. Nach einiger Zeit lernte er verschiedene Tiere zu seinem Nutzen und Gefallen zu zähmen. Dies geschah nicht, wie gewöhnlich vermutet wird, indem er sie bändigte, sondern indem er sie einfing und in Gefangenschaft hielt. Tiere, die sich in der Gefangenschaft anpassen und unter den vom Menschen geschaffenen Bedingungen vermehren konnten, wurden auf natürliche Weise domestiziert, während andere, wie Antilopen und Zebras, sich niemals so anpaßten. In Ägypten war es üblich, Löwen, Hyänen und Leoparden in Gefangenschaft zu halten. Zunächst scheint man Tiere mehr zu religiösen Zwecken als zur Haustierhaltung gezähmt zu haben. So wurden Tiere wohl wegen ihrer Gehörne zur Opferung ausgewählt, und Tiermilch wurde anfangs von den Priestern getrunken und erst später von den anderen. In Indien blieb die Kuh heilig, und alle Religionen enthalten Erinnerungen an geheiligte Tiere. Alles in allem wurde etwa 50 von den 100 000 wild lebenden Tieren durch den Menschen domestiziert. Zwei natürliche Triebe wohnen im Menschen; der eine ist der zum Wandern und der entgegengesetzte andere ist der der Bindung an einen Ort. Der erstere zeigte sich früher: Als die Menschen Gruppen und Herden von Haustieren gesammelt hatten, mußten sie unaufhörlich wandern, um neue Weidegründe zu finden, wenn die alten abgegrast waren. Aber bald gab es – im Gegensatz zu diesen Nomaden – auch seßhafte Menschen. Wenn die Menschen lange genug an einem Platz verweilt hatten, um eine gewisse Umwandlung dieses Ortes zu bewirken, entstand eine Bindung an ihn, so daß sie dablieben, den Boden mit Feldfrüchten bebauten und ein Gemeinwesen bildeten. Solche Siedlungen entstanden gewöhnlich an Flußmündungen oder in wasserreichen und fruchtbaren Landstrichen.

Die Seßhaften produzieren – die Nomaden kommen und rauben ihnen die Frucht ihrer Arbeit, meistens mit Waffengewalt. Das scheint seit den frühesten Zeiten der Lauf der Geschichte gewesen zu sein; und obwohl dies offensichtlich unrecht ist, hat es die Entwicklung der Zivilisation durch die Mischung der Produkte und Kulturen gefördert. Es geschah also trotz der Menschen, daß sie zusammenkamen und sich organisierten, denn jede Gruppe war ursprünglich in bewußter Ausschließlichkeit und Voreingenommenheit entstanden. Die gemeinsame Sprache einte die Gruppe, wurde mit dem kulturellen Fortschritt komplexer, und es bildete sich aus Überlieferungen und Sitten eine bestimmte religiöse Ordnung, besonders was die Leichenbegängnisse betraf. Jede Ansiedlung wird ihre Tabus gegenüber fremden Eß- und Kleidungssitten gehabt haben, und die Priester tendierten gegen Veränderung und Lockerung dieser Ausschließlichkeit. In fruchtbaren Flußbecken und in den Deltas entfalteten sich die Kunst, die Literatur, jede Art von Gewerbe, die Musik und die Mittel zur Befriedigung der geistigen Bedürfnisse. Aber hier wurde der Mensch eher faul und egoistisch und seine Einstellung war davon geleitet, mit einem Minimum an Anstrengung ein Maximum am Erfolg zu erreichen. Nomaden besuchten diese Stätten und betätigten sich manchmal als Händler zwischen dem einen Kulturzentrum und dem anderen. Sie beneideten sicher die vorgefundenen Lebensbedingungen, waren aber stark genug sich durchzusetzen, auch wenn sie als unterlegen eingeschätzt wurden.

Eine Kultur ist nicht nur nach ihrer äußeren Erscheinung zu beurteilen, sondern auch nach ihren sittlichen Normen. Die Nomaden waren äußerlich nicht so fortgeschritten wie die Seßhaften und wurden gewöhnlich als Barbaren geringgeschätzt;

aber sie entwickelten bestimmte Eigenschaften, die denen ihrer Verächter weit voraus waren. Ihre Lebensweise verlangte von ihnen große Disziplin, Ordnung und Tapferkeit, das Ertragen von Kälte und Hitze, von Hunger und Durst, eine besondere Treue zum Stamm und die Ergebenheit gegenüber einem Oberhaupt. Solche Eigenschaften waren es, die sie leicht über die weichlicheren Gemeinwesen siegen ließen. Und so wurde unvermeidlich der Zweck erfüllt, die Kulturen der Rassen und Stämme zu durchmischen und alle menschlichen Reichtümer ständig im Umlauf zu halten. Die Errungenschaften der Kultur überdeckten bald die ihrer barbarischen Eroberer, die wiederum die Gewohnheiten der Seßhaften annahmen und milder wurden. Was eine Verbesserung gegenüber der Vergangenheit darstellte, ging auf diese Weise nie verloren.

Abgesehen von primitiven Stämmen bewaffneten sich seitdem die Landleute nicht mehr gegen unwillkommen umherstreifende Fremde. Aber immer noch rüsten die Staaten zur Verteidigung ihrer Grenzen, sehen sich nur ihrem eigenen Volk verpflichtet und ignorieren die Einheit der Menschheit oder beginnen gerade erst, sie widerwillig anzuerkennen. So war bisher die Gewalt erforderlich, jene Mischungen zustande zu bringen: Kriege und Eroberungen, Kolonisierungen durch Wanderungen überschüssiger Bevölkerung, Handel, Ausbeutung von Bodenschätzen und die bloße Liebe zum Abenteuer und zur Abwechslung lassen immmer noch manche Menschen Gefahren suchen und Hindernisse herausfordern. Stagnation hat immer Untergang bedeutet. So gab es niemals langen Stillstand bei den Völkern, und Eroberungen ergaben schließlich in dem einen oder anderen Sinne vermehrten Wohlstand für den Eroberer wie für die Eroberten, und auch für das Leben der Menschheit insgesamt.

Wenn die Einheit der Menschheit – die ein natürliches Faktum ist – endlich zu ihrer Organisation kommt, wird dies nur durch eine Erziehung geschehen, die all das schätzen lehrt, was Frucht menschlicher Zusammenarbeit ist und die die Bereitschaft erbringt, Vorurteile im Interesse der gemeinschaftlichen Arbeit für den kosmischen Plan abzuwerfen, der auch der Wille Gottes genannt werden kann und im Ganzen Seiner Schöpfung wirkend in Erscheinung tritt. Wir hören viel und meist ineffektiv von Weltorganisationen reden, aber das Wort, das gebraucht werden sollte, wäre eher „Organismus". Wenn anerkannt wird, daß die Welt schon ein lebendiger Organismus ist, würden ihre vitalen Funktionen weniger in ihrem Wirken behindert werden, und sie könnte bewußt ihre Erbschaft antreten an jenem Tage, auf den hin bisher „alle Schöpfung seufzte und in Wehen lag".

Religionen und Sprachen trennen die Menschen, während Künste, Wissenschaften und Industrieerzeugnisse sie verbinden. Wo eine geistige Bindung an eine Idee besteht, ist sie nur schwer zu verändern, und eine Sprache kann nicht leicht übertragen werden, weil sie inkarniert ist. Dank ihrer Sprache stimmen die Menschen einer Gruppe miteinander überein, aber Fremde können sich auf sie nicht einstimmen. Das erscheint als eine Sackgasse, die uns weiter ratlos sein läßt. Denn überall werden regionale Sprachen wieder belebt und mit leidenschaftlichem Einsatz verteidigt, und die Religionen zeigen noch wenig Neigung sich zu verbünden: in einer Zeit, in der Besorgte noch die größere Gefahr in der bewußten Förderung der Irreligiösität sehen.

Die Antwort auf alle diese Widersprüche liegt in der richtigen Erziehung. Auf keine andere – politische oder soziale – Weise kann irgendein Resultat erzielt werden. Die Wirkung von etwas Heiligem und Tiefem, das den Geist bewegt, ist erforderlich. Und den neuen Kindern der zivilisierten Welt muß tiefe Empfindung und Begeisterung für die geheiligte Sache der Menschheit gegeben werden. Religion braucht dann nicht gelehrt zu werden, was in der Tat nicht möglich ist[22], sondern der ehrer-

---

[22] Montessori sagt einmal: „Sprache und Religion sind die beiden Kennzeichen jeder Menschengruppe ... Wie können wir Religion vermitteln? Nun, wir können sie nicht geben, wir müssen sorgen, daß sie sich entwickelt" (Vortrag vom

bietige Respekt vor der inneren und äußeren Wahrheit wird in natürlicher Freiheit wachsen. Und die Sprachbarrieren werden zurücktreten können, bevor ökonomische Kräfte gegen sie andringen, wenn das bessere wechselseitige Verständnis für das Wohl der Menschheit sich durchsetzt.

(13) *Der Mensch als Schöpfer und Entdecker*

Die Rekonstruktion der Geschichte unseres Planeten in unserer Phantasie ist nur durch die Entdeckungen intelligenter Menschen möglich geworden. Diese Entdeckungen waren nicht nur die Ergebnisse gewöhnlicher Intelligenz, sondern wurden mit Hilfe planmäßiger Wissenschaft gewonnen. Der Mensch der heutigen Kultur ist dem Naturmenschen überlegen, da er mit weit über die natürlichen Sinneskräfte hinausgehenden Instrumenten ausgestattet ist, mit dem Teleskop und dem Mikroskop, welche sein Sehvermögen erweitern, und mit den gesammelten Ergebnissen der Forschung von Mathematikern, Chemikern und Physikern, die mit den staunenswerten Fähigkeiten des menschlichen Geistes den Geheimnissen der Natur nachgegangen sind. So tritt die Größe des Menschen in Erscheinung, des über den Tieren und Pflanzen stehenden schöpferisch Handelnden und Umwandelnden, des Erforschers der ganzen Erde und darüber hinaus des Universums, der sogar fähig ist, in der Zeit zurückzuschreiten und zu untersuchen, was lange vergangen ist!

Jeder Gegenstand unseres Interesses und unseres Studiums verbindet uns mit Menschen, die sich – oft unter großen Entbehrungen – abgemüht haben, Hindernisse für ihr Verstehen zu

---

29. 11. 1946, London). Andererseits stellt sie gelegentlich klar, „daß es sich nicht so verhält, als ob wir nicht die Lehrinhalte (der Religion; d. Hrsg.) dem Kinde geben sollten ... (Vortrag vom 3. 3. 1937, London). Aber „... die Religion muß zum Leben gehören, und sie kann nicht auf die gleiche Ebene wie irgendein anderer Unterrichtsgegenstand gesetzt werden“ (L'éducation religieuse, Paris 1956, S. 20).

überwinden, so daß uns nun Wissen ohne solche Mühe zufällt. Alle Kenntnisse sind Früchte eines menschlichen Geistes, und wir inkarnieren in unserer Bildung diesen Ertrag, diese Schatzkammer von Reichtümern, die uns von Menschen überliefert wurde. Wir müssen Bewunderung empfinden und den Kindern diese Bewunderung weitergeben für alle diese Pioniere, bekannte und unbekannte, die die Flamme in sich trugen, welche den Weg der Menschheit erhellt hat.

Die meisten Leute[23] sind schwer für neue Dinge zu interessieren. Sogar Intellektuelle schreiten oft wenig im Denken voran und betrachten neue Ideen, die ihre gemeinsame Sicherheit herausfordern, mit Feindseligkeit. Die Menschen sind geistig wie körperlich träge und möchten nur das Leben genießen. Um so mehr müssen jene anderen bewundert werden, die durch innere Kraft angetrieben Leistungen vollbringen, selbst wenn diese ihr eigenes Wohl und Glück oder sogar ihr Leben gefährden.

Vor mehr als zweitausend Jahren hatten die Griechen in der Kunst und in der Literatur Großes geleistet und waren für ihre Zeit hochgebildet. Ein griechischer Schriftsteller konnte nicht alle der Geschichten für wahr halten, die ihm über die Barbaren außerhalb Griechenlands erzählt worden waren, etwa daß die Menschen im Norden sechs Monate im Jahr schliefen und die im äußersten Süden alle kahlköpfig seien. Er entschied sich zu reisen und selbst nachzuschauen, ob dies wahr sei. Man warnte ihn vor vielen Dingen, vor menschenfressenden Riesen und vor Zauberern wie vor den Gefahren unbekannter Meere und Naturkräfte. Aber er blieb dabei: Er mußte reisen, um seine Lebensaufgabe zu erfüllen. Er fuhr mit einem kleinen Schiff los, das mit Rudern und Segeln nur langsam vorankam. Seine Freunde glaubten, ihn nie wiederzusehen. Aber nach siebzehn Jahren kehrte er zurück, und seine alten Freunde versammelten sich um ihn, begierig, ihn zu befragen. Hatte er einen Zyklopen gesehen, einen Riesen mit nur einem Auge in der Mitte der

[23] Erwachsenen, meint Montessori augenscheinlich.

Stirn, oder einen Menschen, der sechs Monate ohne Unterbrechung schlief? Was ist mit den Zentauren und Sirenen? Er antwortete, daß er davon nichts gesehen hätte, dafür aber größere Wunder: Menschen wie er selbst in allen Ländern, die aßen und schliefen und sich kleideten, wie er es tat; Babylon, eine staunenerregende Stadt, mit ihren hohen dreistöckigen Häusern und den hängenden Gärten, mit Parfüm benutzenden Frauen und weisen Philosophen; Persien, wo nur ein Gott statt vieler verehrt wurde, wo sich die Menschen bei der Begegnung auf der Straße küßten und die Kinder gelehrt wurden zu lesen, mit dem Bogen zu schießen und immer die Wahrheit zu sagen.

Der heimgekehrte Reisende – sein Name war Herodot – schrieb alle diese Dinge und viele andere mehr in einem Buch auf, damit seine Freunde dies lesen konnten; heute wird er als der „Vater der Geschichte" bezeichnet, denn dieses Buch war das erste seiner Art.

Alexander der Große, ein anderer Grieche, war ebenfalls ein großer Reisender. Er gründete Alexandria in Ägypten und viele weitere nach ihm benannte Städte. Alexandria wurde zum Sitz einer berühmten Universität, und deren Leiter war ebenfalls ein Entdecker, wenn auch ganz anderer Art. Er strebte geistige Entdeckungen an, neue Erkenntnisse in der Mathematik und der Astronomie. Durch Beobachtungen des Erdschattens bei den Mondfinsternissen entdeckte er, daß die Erde eine Kugel sein mußte. Er teilte den Kreis in dreihundertsechzig Grade ein und berechnete die Ausmaße der Erdkugel. Er fand heraus, daß der Sonnenstand zwischen Alexandria und Assuan – das auf demselben Meridian liegt – im Zenit einen Winkel von sieben Grad bildete; und da die Entfernung zwischen Assuan und Alexandria nach tatsächlicher Ausmessung fünftausend Stadien betrug, konnte er aus dem Verhältnis zum Kreis den Erdumfang berechnen. Dieser Grieche hieß Eratosthenes und lebte um 200 vor Christus. Zur selben Zeit stellte der Ägypter Ptolemäus eine Karte aller ihm bekannter Länder der Welt her mit einem großen Teil Asiens, Afrikas und der Mittelmeerländer Europas.

Auch in unserer Zeit gibt es noch solche Entdecker. Vor nur fünfundzwanzig Jahren war der Präsident des Naturhistorischen Museums in New York zu der Überzeugung gelangt, daß in der Zentralasiatischen Wüste Gobi[24] die Suche nach Fossilien der frühesten Riesentiere zu wertvollen Ergebnissen führen würde. Die Leute lachten ihn aus und hielten das für eine Vergeudung von Geld und Mühe. Er aber blieb dabei und organisierte eine Expedition. Mister Anderson, der Kurator des Instituts, übernahm selbst die Leitung, er hatte vorher schon eine Expedition zur Erforschung des Lebens der Wale in den arktischen Meeren durchgeführt und liebte solche Pionierunternehmungen. Zusammen mit ihm brachen zehn Männer auf, die ihm vertrauten und an den Erfolg des Vorhabens glaubten. Sie erreichten Peking, wo sie drei Kraftwagen kauften. Aber auch hier wurde ihnen nur abgeraten. Jedermann warnte sie vor den schrecklichen Wüstenstürmen, der extremen Hitze bei Tage und der Kälte in der Nacht, so weit entfernt von allem menschlichen Beistand. Und außerdem: Wie sollte es dort, auf solch einer weit vom Meer entfernten Hochfläche, Fossilien amphibischer Reptile geben? Aber sie fuhren mit Jagdbüchsen bewaffnet weiter, schlossen sich anfangs noch anderen Kolonnen an, waren jedoch bald beim Eindringen in das furchterregende und unbekannte Landesinnere ganz auf sich allein gestellt. Niemand erwartete, daß diese verrückten Leute lebend zurückkehren würden. Sie hielten unter unzähligen Schwierigkeiten durch und begannen im Sand zu graben. Es war eine öde, gleichförmige und anscheinend endlose Mühsal. Plötzlich fanden sie schließlich den ersten Knochensplitter. Sie begannen vor Freude um ihn herumzutanzen, denn er war der Beweis, daß ihre Annahme richtig gewesen war. Als sie zurückkehrten, hatten sie genug Beweise gefunden! Es war ein Ort, wo Dinosaurier zu Hunderten gelebt hatten und gestorben waren! Dabei hatten sie durch

[24] Vgl. neueste Berichte zum Kanadisch-chinesischen Saurierforschungsprojekt in der Wüste Gobi (z.B. FAZ, 9.12.1987).

die Entdeckung vieler Eier das Problem gelöst, wie diese Reptilien sich fortpflanzten. Im Verlauf der Ausgrabungen stießen sie auf ungeheuer große säulenartige Knochen, die zu irgendeinem riesigen Säugetier gehört haben mußten. Dann fanden sie weitere Knochen, augenscheinlich von demselben Tier, und schließlich Beine in aufrechter Stellung, die zeigten, daß das Tier den Tod beim Einsinken in Treibsand gefunden hatte.

So konnten sie mit einer Fülle von Ergebnissen nach New York zurückkehren. Sie waren völlig zufrieden, obwohl sie für sich keinen materiellen Gewinn erzielt hatten. Sie hatten einen moralischen Sieg errungen, einen Beitrag zur Gesamtheit des menschlichen Wissens. Trotzdem hielten viele sie immer noch für verrückt, in einer Wüste zu graben und sich darüber zu freuen, ein paar alte Knochen zu finden!

Wir pflegen nicht die Bewunderung für diese Abenteuer früherer und heutiger Entdecker, um sie mit unserer Dankbarkeit zu bezahlen: Sie stehen unerreichbar hoch über uns. Aber wir wollen dem Kind helfen, die Rolle zu verstehen, die die Menschheit gespielt hat und noch spielt, denn diese Betrachtung erhebt die Seele und das Gewissen. Geschichte muß lebendig und dynamisch sein, Begeisterung wecken, intellektuellen Egoismus und selbstsüchtige Trägheit auslöschen. Zweitausend Jahre sind wir gelehrt worden: „Du sollst deinen Nächsten lieben wie Dich selbst." Aber wir sind der Verwirklichung dessen wenig näher gekommen, denn bloßes Predigen nützt nichts. Erhabene Gedanken werden gewöhnlich durch Poesie und Literatur vermittelt – Ausdrucksformen der menschlichen Seele – die aber für den Geist des Kindes nicht faßbar und so fast bedeutungslos sind. Die Geschichte der menschlichen Leistungen jedoch ist real, ein lebendiges Zeugnis der Größe des Menschen, und man kann den Kindern leicht helfen, zu der Erkenntnis vorzudringen, daß Millionen von Menschen wie sie selbst sich geistig und körperlich um die Lösung der Lebensfragen bemühen und zu einer Lösung beitragen, wenn auch ein Einziger sie schließlich finden mag.

Wie in den geologischen Zeitaltern muß auch in der Welt des Denkens die Umgebung für eine bevorstehende Veränderung vorbereitet sein. Wenn die rechte Vorbereitung des Denkens gegeben ist, können in dieser günstigen geistigen Atmosphäre Entdeckungen durch das Zusammenwirken vieler Geister erfolgen. Der Kristallisationspunkt hunderter Intellekte liegt in der Person eines einzigen Menschen, der etwas durchschlagend Brauchbares hervorbringt oder eine neue Erkenntnis enthüllt. Außer in der Dichtkunst sind die Pioniere immer abhängig von der Hilfe ihrer Vorgänger. Die Gegenwart steht auf der Vergangenheit wie ein Haus auf seinem Fundament. Der Mensch ist in seiner schöpferischen Arbeit weit über die Natur hinausgelangt. Aber er hätte dies nicht gekonnt, hätte er nicht einen Gott akzeptiert und gefühlt, der keine Hände oder Füße hat und doch die Länge und Breite des Universums durchmißt, das Er erschaffen hat und an dem Er immer noch durch den Menschen und andere Wesen weiterwirkt.

Der Mensch ist bei der Erfüllung seiner Wünsche nicht mehr auf seine Hände beschränkt, denn er besitzt Maschinen. Deswegen ist nun eine Super-Natur sein Wunsch, da er diese Maschinen hat. Super-Natur ist nun der Hintergrund seiner Entwicklungsmöglichkeiten. Ein großzügigeres und würdigeres Leben als jemals zuvor ist möglich. Und da die Kinder auf dieses Leben vorbereitet werden müssen, ist das fundamentale Bildungsprinzip die Wechselbeziehung aller Dinge und ihre Zentrierung in dem kosmischen Plan.

(14) *Von frühen hohen Kulturen*[25]

Erst seit neuerer Zeit wird die historische Forschung durch die empirische Wissenschaft unterstützt. Eine Folge davon war, daß die angenommenen Daten der Anfänge sozialer Organisation zurückverlegt werden mußten und auch jetzt noch nicht festgelegt werden können. Es ist erstaunlich zu entdecken, daß die Menschheit anscheinend in keiner der bis jetzt erforschten Perioden des Altertums ohne Kulturzentren verhältnismäßig fortgeschrittener Art war, so roh auch die große Mehrheit gewesen sein mag. Die Gelehrten müssen nun vielen bisher ringgeschätzten Überlieferungen und Mythen einen gewissen Wahrheitsgehalt zugestehen ...

Die ägyptische Kultur scheint – mit Ausnahme einiger weniger dunkler Perioden – vom paläolithischen Zeitalter bis zur Gegenwart geblüht zu haben; und sie hat über die Griechen in hohem Maße die Entstehung der europäischen Kultur angeregt. Wegen seiner zentralen Lage und seiner natürlichen Reichtümer, die es vor allem seinem Strom verdankt, konnte Ägypten zu dem Punkte werden, von dem aus sich Kultur ausbreitet ... Die Ägypter besaßen auch eine Begabung für Besied-

[25] Zusammenfassender Titel des Kapitels durch die Hrsg.
Die folgenden Abschnitte bringen in der englischen Vorlage – gleichsam als Fortsetzung der geologischen Geschichte der Erde – zusammenfassende Überblicke über die frühen Kulturen von den Ägyptern bis zu den Griechen und Römern. Montessori scheint aber für diese Geschichtsbilder keine ähnlich wissenschaftliche Quelle gehabt zu haben wie hinsichtlich der Geologie in dem Buch Stoppanis. So bleibt Montessori in diesen Geschichtsbildern manchmal im Anekdotischen stecken (z. B. bei Alexander dem Gr.) oder unterscheidet nicht deutlich zwischen gesicherten geschichtlichen Fakten und Sagen bzw. Vermutungen (wie etwa hinsichtlich des sagenhaften Erdteils Atlantis). Zudem stammt hier offensichtlich eine Partie der englischen Vorlage „To educate the human potential“ nicht aus der ursprünglichen Vortragsfolge von Kodaikanal. Deshalb und im Sinne der in Vorwort (S. 6) und Einleitung (S. 33) genannten Intentionen des Sammelbandes werden diese Abschnitte – mit Ausnahme eines exemplarischen (Ägypten) – hier ausgelassen. Lediglich kurze Zwischenabschnitte bilden gleichsam Trittsteine zu den Schlußkapiteln.

lung: Sie waren fähig, ihre Lebenswelt zu verlegen. Ihr schöpferischer Geist ließ sie erfinden, was andere nachahmen konnten.

In Ägypten erfolgte eine Erfindung von ungeheurer Bedeutung für die Menschheit; wie es meistens ist, war sie das Ergebnis einer Reihe von Teilentdeckungen, die zu ihr hinführten. Die jahreszeitlichen Überschwemmungen des Nils hinterließen in ihrem Gefolge fruchtbaren Boden und üppige Vegetation. Und so wird irgendeinem Bauern der Gedanke gekommen sein, zur Weiterleitung des lebenspendenden Wassers Kanäle zu graben. So begann man, die Bewässerung zu praktizieren, und dies wurde von Menschen nachgeahmt, die in ähnlichen Flußtälern wohnten, besonders in Mesopotamien. Eine weitere ägyptische Entdeckung von großer Bedeutung war das Kupfer. Wo an den Ufern des Nils das Wasser stagnierte, lagerte sich mit den vielen schwebenden Algen eine grüne Substanz aus dem Flutwasser ab. Die Ägypter schätzten die Farbe grün besonders hoch, die sie als lebenspendend betrachteten; und um die Aussicht auf ein langes Leben zu fördern, schminkten sie sogar ihre Gesichter grün. Sie fanden diesen grünen Malachit, zermahlten ihn, vermischten ihn mit Fett zu einer Hautcreme und versuchten, ihn zur besseren Vermischung über Wasser zu erhitzen. Das Fett brannte aus, und es blieb eine feste Ablagerung übrig: das Kupfer. Sie begannen, diesen neuen Stoff für Perlen, Töpfe und Schmuck zu verwenden, und er wurde nun in großen Mengen hergestellt. Schon geformte Kupfergefäße waren sehr kostspielig, aber unzerbrechlich; daher bestand große Nachfrage nach ihnen, und man begann mit Bergbau, um zu mehr Malachit zu kommen. Bald wurde auch Messing hergestellt, aus dem man musikalische Saiteninstrumente fertigte. Die Ägypter waren meisterhafte, in ihrer Technik unübertroffene Handwerker und liebten ihre Arbeit. Sogar ihre Betten waren weit schöner als unsere heutzutage; ihre Füße waren zu wunderbaren Tierfiguren geschnitzt und zum Besteigen mit verzierten Stufen versehen; allerdings hatten sie statt Kissen nur eine harte hölzerne Kopfstütze. Dies war ungefähr 4000 Jahre vor Christus. Auch Tische, Stühle und Spiegel waren damals von großer Schönheit. Es gab Löffel aus eingelegtem Elfenbein. Die Frauen steckten ihr Haar mit verzierten Kämmen auf. So fand die ägyptische Seele ihren Ausdruck in Schönheit. Es bestand bei ihnen die Sitte, den Toten Schmuck und Musikinstrumente in die Gräber mitzugeben. Dort hat man sie später wieder aufgefunden. Auch Ackergeräte gab man bei und Figuren von Sklaven, von denen man die magische Vorstellung hatte, sie würden im Lande der Toten wieder lebendig und dann dort die Felder ihres Herrn bestellen, wie sie es auf der Erde getan hatten. Die Leichen wurden von drei Booten in feierlichem Aufzug über den Nil gebracht. Eines trug mit dem Sarkophag oder dem Sarg die Priester und die Verwandten; das zweite die für die Riten benötigten professionellen Klageweiber; und das dritte war mit Nahrung und allen gewohnten Gegenständen für den Gebrauch des Toten beladen, die mit ihm bestattet wurden. Bei der Ankunft auf der anderen Seite des Stromes wurde der Sarg von Stieren oder Ochsen zum Grabe gebracht, die dann während der Riten geopfert wurden. An den Wänden der Gräber fand man viele Inschriften von heiligen Texten, die später auf Papyrusrollen niedergeschrieben und in dem „Buch der Toten" gesammelt wurden, das die Gelehrten entziffern konnten. Dieser Totenkult war für die Geschichtswissenschaft von großem Wert, wenn dieser Zweck auch nicht in seiner Absicht gelegen hatte, ebenso wenig wie die Pflanzen beabsichtigten, sich zu begraben, um uns die Kohle zu verschaffen.

Für die Einbalsamierung ihrer Toten brauchten die Ägypter viele seltene Kräuter und Spezereien, außerdem Edelsteine und Metalle für die Schmuckarbeiten. Sie benutzten zwei verschiedene Arten von Schiffen mit schön bestickten Segeln, die einen für den Nil und die anderen für das Meer. In diesen Schiffen fuhren sie an den Küsten des Mittelmeeres und des Roten Meeres entlang. Sie segelten die ostafrikanische Küste hinunter bis nach Somaliland, drangen in den Persischen Golf ein, gelangten nach Syrien und waren mit den Inseln Kleinasiens und des Ägäischen Meeres vertraut ...

Die Ägypter ließen fremde Söldner für sich kämpfen und Sklaven für sich arbeiten: der Fortschritt der Zivilisation schließt nicht immer sittlichen Fortschritt ein. Die Pyramiden und andere wundervolle Monumente wurden von Sklaven errichtet, unter der Aufsicht grausamer Bewacher. Es kam ein bedeutender Pharao, ein religiöser Reformer, der den Kult reinigen und vereinfachen wollte, indem er es als die wichtigste Pflicht bezeichnete, in der Wahrheit zu leben und die Wahrheit zu suchen. Es gelang ihm nicht, gegen den Widerstand der Priester zu siegen, und er wurde abgesetzt. Ägypten aber verlor seine Einigkeit und begann zu verfallen.

Man kann heute in der Geschichtswissenschaft die alten Religionen nicht mehr vernachlässigen oder geringschätzen, denn sie stellen einen wichtigen Zug der menschlichen Psychologie dar. Auch die primitivsten Menschen besitzen religiöses Empfinden, welches sie lebende und tote Dinge, Bäume, Sonne und Sterne beseelt sehen läßt. Sie sehen sie mit dem Auge der Vorstellungskraft, das sie befähigt, in das Geheimnis der Natur einzudringen. Der Mensch kann nicht handeln ohne seine Religion, die mit jedem Stadium seiner Entwicklung übereinstimmte. Es gab in Ägypten viele von großen Geheimnissen umgebene Gottheiten, von denen die höchste die Sonne war, die Welt und Menschen erschaffen und der Sorge des Pharaos, ihres Sohnes, anvertraut hatte. Die Sonne wurde Amon-Ra genannt: Keine Gottheit kam Amon-Ra gleich, aber geringere Götter gab es viele. Wunderschöne Geschichten wurden von Isis und Osiris erzählt, inkarnierten Göttern, die Ägypten regierten. Osiris wurde verraten und von seinen Feinden getötet; und Isis suchte lange nach seinem zerstückelten Leib, bis sie ihn endlich fand. Osiris wurde dann der Herrscher der Toten, während Isis und ihr Sohn Horus die Erde regierten. Der Mensch lebte auf der Erde unter den Augen Ra's; dann kam er zu Osiris, um gerichtet zu werden: das Herz wurde auf einer Waage gegen die Wahrheit abgewogen. Ängstliche füllten das Herz des Toten mit Blei, damit es mit seinem Gewicht Osiris beim Urteil täuschen sollte.

Hier kann keine umfassende Darstellung der Geschichte Ägyptens geboten werden, sondern nur eine Einführung zu dem notwendigen Studium. Die moderne Geschichtswissenschaft betont die Bedeutung der Begegnung und Verschmelzung von Völkern: von Gruppen, die in größeren Gruppen aufzugehen neigen, Nationen, die schließlich beginnen, die Einheit der Menschheit zu organisieren. Verschmelzung war immer ein langsamer Prozeß, und die Kultur ist ihr Ergebnis. Die Lehrer sollten den Ursprung, die geographische Lage und die Entwicklung jeder Gruppe studieren, ihre Wanderungen und ihre Beziehungen zu anderen Gruppen, und dabei die Geschichte des ganzen Volkes mehr als die der Individuen betrachten. Diese Fakten können den Kindern in einer geeigneten Form vermittelt werden ...

... Das von den Flüssen Euphrat und Tigris durchströmte Land – heute Mesopotamien genannt – war die Bühne einer fast ebenso alten Kultur, wie es die ägyptische war. Sie waren lange Zeitgenossen und Rivalen, aber Babylon erlebte die leidvollere Geschichte und fiel oft Eroberern zum Opfer. Die Archäologen haben die Ruinen vieler vom Sand begrabener Städte gefunden, unter ihnen Ninive, seine Vorgängerin als Hauptstadt Babyloniens. In dem Jahrtausend vor Christus beherrschten abwechselnd die Chaldäer, die Assyrer, die Babylonier und die Perser das Gebiet, denn seine Grenzen besaßen keinen guten natürlichen Schutz ...

... Vom kosmischen Gesichtspunkt her gesehen werden Vermischungen von Kulturen zustandegebracht, um gewünschte Ergebnisse zu erreichen, fast wie in der Kochkunst[26]. Verschiedene Zutaten werden getrennt vorbereitet, sorgfältig bearbeitet und vielleicht geduldig gekocht, bis die gewünschte Beschaffen-

---

[26] Vgl. Anm. 20, S. 75.

heit erreicht ist; dann werden sie dem Gericht zugefügt, um ihm den besonderen Geschmack zu geben. So gab es in der ägyptischen Geschichte wenige Ereignisse, sie vollzog sich langsam, indem sich die Kultur friedlich ausbreitete und viele Errungenschaften sich stufenweise entwickelten. Die babylonische Kultur wurde dann wie eine Art Sauce hinzugefügt, selbst mit vielen früheren Ingredienzien gewürzt, mit einer gewissen Prise von Hethitern und Scythen. Dann kamen die Meder und danach noch die Perser, und mit diesen ergab sich eine Umwandlung in dem Gericht. An die Stelle der Mischung scheint eine chemische Umwandlung getreten zu sein: etwas Gleichmäßiges und Neues wurde geschaffen, etwas, das es vorher nicht gab ...

... Die Griechen hatten ein neues politisches Ideal: das der Freiheit. Sie hielten es für ungeheuerlich, daß ein einziger Mensch befehlen sollte und alle anderen ihm gehorchen müßten. Die Gesetze mußten im Einverständnis aller gegeben und dann von allen geachtet werden. Jeder Grieche besaß eine hohe Selbstachtung. Vereint waren sie unbesiegbar. Die persischen Heere wurden dagegen aus vielen unterworfenen und tyrannisch unterdrückten Völkern rekrutiert. Die Griechen zeichneten sich auch durch ihre Intelligenz und ihre Vorliebe für die Literatur, das Theater und die bildende Kunst aus. Sie achteten körperliche Schönheit und Gesundheit besonders hoch und pflegten sportliche Wettkämpfe ...

... Das Reich Alexanders des Großen brach auseinander ... Doch Alexander hatte das Gesicht der Welt verändert. Es (sein Zug) war die erste systematische Forschungsexpedition der Geschichte gewesen, mit der nur die zweite konkurrieren konnte, die 150 Jahre später durch den Römer Julius Cäsar durchgeführt wurde.

Die Römer beanspruchten, in ihrer Herkunft mit den Griechen verwandt zu sein, und es wurde ihre Aufgabe, die Kultur der Welt zu vereinen, die vom griechischen Geist inspiriert und geschaffen worden war.

(15) *Die Bestimmung des Menschen und die Schule*[27]

Im ganzen natürlichen Werden hat sich uns eine deutliche Einheitlichkeit des Verfahrens offenbart. Es ist evident, daß die Natur einem Plan folgt, der für das Atom derselbe ist wie für den Planeten. 1924 entdeckte der Embryologe Childe jene Punkte fieberhafter Aktivität, „physiologische Gradienten" genannt, die nicht alle gleichzeitig oder mit der gleichen Intensität beginnen, sondern jeder zu seinem eigenen Zeitpunkt und einem unabhängigen Tempo folgend. Um mit der Einheit zu beginnen: Die Zellen waren alle gleich, aber durch ihre Aktivität wuchsen sie, sich differenzierend und für die Bildung eines Organes spezialisierend; und zuletzt entstanden das Kreislauf- und das Nervensystem, um die Organe miteinander zu verbinden, die in ähnlicher Unabhängigkeit, aber zu einem unterschiedlichen funktionalen Zweck geschaffen wurden ...

Der Embryo kann uns lehren, wie absurd der Mechanismus unserer Gesellschaft ist, wo eine Gruppe rein aus Macht – ohne Übereinkunft – beansprucht, eine andere zu beherrschen. Die Natur ist die Lehrerin des Lebens, laßt uns ihren Wegen folgen!

Die kurze Überschau über die Geschichte der menschlichen Zivilisation, die wir versucht haben, sollte das Wirken desselben grundlegenden Entwurfs zeigen; denn die Menschheit ist ebenfalls eine organische Einheit[28], die noch im Entstehen begriffen

---

[27] Erweiterung des Titels dieses Kapitels („... und die Schule") durch die Hrsg. Die breite Ausführung des „Embryo-Vergleichs" in der englischen Vorlage ist hier auf die wesentliche Aussage gekürzt.

[28] Während man die Sicht der kosmischen Ordnung bei Stoppani als einen gelungenen Versuch der Verbindung philosophisch-theologischer Tradition mit Resultaten der Naturwissenschaft ansehen kann, entgeht Montessori bei der Übertragung des Gedankens der kosmischen Ökonomie auf die Geschichte nicht der Gefahr der Nähe des Determinismus und damit des Widerspruchs zu ihren eigenen Thesen von der Sonderstellung des Menschen in der Schöpfung und seiner Freiheit. (Vgl. in der vorliegenden Schrift S. 17). An anderer Stelle nennt sie die Entwicklung einer Kultur gerade einen „Prozeß, der nicht von Natur aus fixiert ist" (Das kreative Kind ... Freiburg 1987, S. 169f.). Und: „... die Freiheit gehört zur menschlichen Natur" (Letzter Artikel Montessoris, Mai

ist. Wie Organe wuchsen die verschiedenen Kulturzentren getrennt zur Stärke heran, wurden dann miteinander in Kontakt gebracht, wodurch sie sich zu größeren Organisationen verbanden, oder sie trennten sich zur Bereicherung der Räuber von dem Wertvollen, das sie besaßen, bevor sie untergingen, wenn sie zum Überleben nicht anpassungsfähig genug waren. Grausamkeit und Ausbeutung, Krieg und alle Formen von Gewalt mußten ihre Rolle spielen, weil die Menschen noch nicht ihre Gemeinmenschlichkeit und deren Wirken bei der Erfüllung einer kosmischen Bestimmung begriffen hatten.

Welterschütternde Kräfte lassen heute die Verwirklichung der menschlichen Einheit zu einer dringenden Notwendigkeit werden. Die Zeit ist vorbei, da irgendwelche Rassen oder Nationen zivilisiert sein können und andere dabei in Knechtschaft und Unwissenheit belassen. Das Beharren in diesen überlebten Vorstellungen kann nur zu weiteren Kriegen und zur Selbstzerstörung führen. Wie kann ein allgemeiner Wandel des Denkens anders erreicht werden als durch den Lehrer – nicht als Gewaltherrscher oder Missionar, sondern als wesentlicher Leiter der kommenden Generation? Der moderne Lehrer muß begeistert die Biologie, die Psychologie des aufwachsenden Kindes und damit des Menschen studieren. Die „Schule" muß etwas anderes bedeuten als den Ort des Unterrichtes, wo mit Pein auf beiden Seiten der eine die vielen belehrt – eine Mühe, die nur wenig Erfolg bringt.

Überall wird die Schulpflicht eingeführt. Es findet eine Zwangsaushebung für die Ausbildungsfront statt, eine Mobil-

---

1952, zit. n. Montessori-Werkbrief 4/1985, S. 122). Der Mensch kann „wählen zu streiten für oder wider Gott" (L'éducation religieuse, Paris 1956, S. 54 f.) zwischen „Friede" und „Katastrophe" (s. Frieden und Erziehung, Freiburg 1973, bes. S. 24 f.). „Während all die anderen Formen der Schöpfung einseitig, einsam, unzulänglich sind, sich nur in einer Richtung bewegen, ist dem Menschen das Vermögen der Intelligenz gegeben, die in jede Richtung gehen kann. Durch sie kann er nicht nur alle ihm geschenkten Dinge erlangen, sondern auch alle die supra-natürlichen (kulturellen; d. Hrsg.). Und dem Menschen allein ist die Vision Gottes gegeben" (Ursprünglicher Mitschrifttext des Kurses von Kodaikanal, Vortrag v. 13. 12. 1943).

machung vergleichbar dem Aufruf eines Landes, das in höchste Gefahr geraten ist. Aber hier handelt es sich nicht um eine nationale Mobilmachung, sondern um eine weit größere, universale, eine Mobilmachung für das Leben, nicht für den Tod!

Man ist dabei, den Lehrern ungeheure Macht anzuvertrauen, der sie nicht ausweichen können. Da die physische Gesundheit als erstes in Betracht gezogen werden sollte, wollen wir schauen, welche Reformen in dieser Hinsicht notwendig sind, wenn die Lehrer ihre geheiligte Verantwortung erfüllen sollen.

In den Schulen muß man Beobachtungen über das Wachstum und alle Abweichungen von der Normalität aufzeichnen. Das Wachstum ist nicht nur eine harmonische Zunahme der Größe, sondern eine Umwandlung. Der Mensch ist der Bildhauer seiner selbst, der von einer geheimen inneren Kraft zum Erreichen einer bestimmten Idealform getrieben wird. Wachstum kann als ein Suchen nach Vollendung definiert werden, das einem Impuls des Lebens folgt ...

Was für eine schreckliche Geschichte war die des Kindes! Wir können heute über die alten Heilmittel lachen, aber wenigstens hat man begonnen, die Fenster zu öffnen und mehr Luft hereinzulassen. Und nachdem man als Allheilmittel für die Rückgratverkrümmung Streckübungen im Stundenabstand ansah, wurde das Prinzip der häufigen Arbeitspausen eingeführt. An eine solche Möglichkeit wie eine glückliche Erziehung der Kinder hatte man noch nicht gedacht. So mußten noch viele von ihnen der Zivilisation zum Opfer gebracht werden, und das Beste, was man erreichte, war ein Kompromiß: man reduzierte die Unterrichtsstunden bis auf ein Minimum, strich Grammatik, Geometrie und Algebra aus dem Lehrplan, machte das Spiel im Freien obligatorisch und schob das Schuleintrittsalter hinaus. Aber so sehr auch die freien Zeiten ausgedehnt und die Kinder gedrängt wurden, eher zu spielen als zu lernen, blieben sie seltsamerweise trotz all dieser Reformen geistig müde. Die Montessori-Schulen haben gezeigt, daß das Kind das Bedürfnis nach einem Arbeitszyklus hat, für den es geistig vorbereitet ist. Eine solche intelligente interessierte Tätigkeit ermüdet nicht. Und so sollte das Kind nicht villkürlich in seiner Arbeit durch die Aufforderung zum Spielen unterbrochen werden. Interesse entsteht nicht unmittelbar, und wenn die Tätigkeit nach Erwachen des Interesses unterbunden wird, ist das so, als ob man einem geweckten Appetit die ihn befriedigende Nahrung entzöge.

Nach langem Experimentieren sind wir zur Beseitigung vieler Irrtümer gelangt und haben einen Schlüssel gefunden, der den Kindern die Tore zu einer gesunden und glücklichen Erziehung öffnen kann. Von unserem Mut und unserer Ausdauer, ihn zu benutzen, hängt die Zukunft der Menschheit ab[29].

(16) *Schluß*

Das Individuum geht seinen Lebensweg umringt von Gefahren. Das Leben ist ein wahres Kampffeld. Man mag durchkommen, aber schon verkrüppelt oder von Leiden gezeichnet in die friedliche Phase des Lebens eintreten, um der triumphierende Erwachsene zu sein. Da gelangt das Individuum unter den Schutz der Gesellschaft, die die Stelle der vorherigen Aufseher einnimmt, ihm die Mittel zur Existenz und einen Lebensgefährten verschafft. Gemeinsam gehen sie nun ihren Lebensweg, steigen zu einem unbekannten Schicksal auf, und vor dem Wiederabstieg hinterlassen sie die Früchte ihrer Liebe. Im Vergehen getrennt, gehen sie einsam die letzte Strecke und werden schließlich vergessen.

Die Gesellschaft sieht die Phase des Aufstiegs als bedeutsam an, während der die Menschen die Denkmale ihrer Taten auf-

[29] Gelegentlich relativiert Montessori in Indien ihre optimistischen Aufrufe, indem sie auch von „Erfahrungen" spricht, „die mich Pessimismus lehrten" (Disarmament in education, in: The Montessori Magazine, Vol. 4, No. 3. Pilani 1950, S. 12).

bauen; und aller Lohn geht an die Sieg- und Erfolgreichen. Sorge und Interesse der Gesellschaft gelten trotz der französischen Revolution und anderer Revolutionen den privilegierten Klassen. Die Armen haben noch nicht eigentliche Beachtung gefunden; und eine Klasse wurde – sogar bei den Reichen – noch vollständiger übersehen: das ist die Kindheit! Alle gesellschaftlichen Probleme werden vom Standpunkt des Erwachsenen und seiner Bedürfnisse aus betrachtet : Wohnen, Arbeitslosigkeit, Löhne, Stimmrecht usw. Viel wichtiger sind aber die Bedürfnisse des Kindes, in dem Kräfte existieren, die gefesselt bleiben oder nun entwickelt werden können, wie es bisher weitgehend nicht möglich war. Es genügt nicht, für die Ernährung, Bekleidung und Unterkunft der Kinder zu sorgen. Der Fortschritt der Menschheit, die wirkliche Schaffung einer stärkeren und besseren Menschheit, hängt von der Befriedigung der geistigeren Bedürfnisse des Kindes ab.

Die sozialen Probleme des Kindes und des Erwachsenen stehen daher in engem Zusammenhang, können aber auch getrennt betrachtet werden. Die Schule trägt dabei besondere Verantwortung für das Kind. Überall wird die Jugend in der Schule rekrutiert, um das große Heer des Lebens zu bilden. Die Potentialität einer veredelten Menschheit sollte der Ausgangspunkt aller sozialen Fragen sein. Aber der Erwachsene entzieht sich der Änderung, wie das Fehlschlagen wiederholter Versuche gezeigt hat. Zur Offenbarung neuer menschlicher Möglichkeiten ist er als Vorbild ein zäher Stoff. Wir täuschen uns selbst, wenn wir meinen, mit unseren elenden Krümeln sozialer Almosen Gipfel der Menschenfreundlichkeit erreicht zu haben; aber selbst diese werden nur Erwachsenen herausgerückt: für die einen Lebensmittel, für die anderen Arbeitslosengeld, für wieder andere das Recht der freien Rede. Keines dieser Allheilmittel hat viel zur Verbesserung der sozialen Krankheiten bewirkt. Angenommen, wir bringen dieselben sozialen Fortschritte, auf die wir so stolz sind, in die Schule! Wir ernähren die Kinder, geben ihnen Spielplätze; Kleidung, Redefreiheit (das Recht, frei dem Lehrer Fragen zu stellen). Diese kleinen Dinge werden ein Anfang sein, aber nicht ausreichen. Um zu verstehen, welche wichtigeren Mittel nötig sind, müssen wir das Wesen des Menschseins studieren, wie es sich in den ersten Lebensjahren offenbart. Dann werden wir mit Sicherheit wissen, was notwendig ist. Und wir werden auch begreifen, daß diese Mittel bei der Anwendung auf das Kind weit wirksamer sind als beim Erwachsenen.

Es gibt sicher einen Unterschied zwischen hungernden, nackten und zum Schweigen gezwungenen Menschen und gedeihenden, frohen und freimütigen. Hilfe wird der Welt nur kommen durch Wissen und die erleuchtete Personalität – nicht durch Gewährung eines Bissens Brot oder eines Fetzens Kleidung, noch gar durch das Geschenk eines Wahlrechts.

Der Menschheit fehlt etwas Fundamentales, und das ist am frühesten Anfang des Lebens zu suchen. Dort allein kann der Schlüssel gefunden werden.

Es ist durch dieses Buch hindurch vorausgesetzt worden, daß Lehrer fortgeschrittener Montessori-Klassen vorher mit dem Elementarkurs vertraut sein sollten, in welchem die Psychologie notwendigerweise eine größere Rolle bei der Ausbildung für das ganze Verfahren spielt. So ist die vom Lehrer gegenüber den ihm anvertrauten Kindern erwartete Haltung weniger betont worden, und einige abschließende Erinnerungen mögen daher nicht unangebracht erscheinen.

In der fortgeschrittenen Stufe (der Grundschule von 6–12 Jahren; d. Hrsg.) besteht wie in der Anfangsstufe der erste Schritt zum Montessori-Lehrer darin, die Omnipotenz abzulegen und ein freudiger Beobachter zu werden. Wenn der Lehrer wirklich zu dem Glück zu gelangen vermag, die Dinge unter seinen Augen entstehen und wachsen zu sehen, wenn er sich in das Gewand der Demut hüllen kann, erlebt er viele Freuden, die denen versagt sind, welche Unfehlbarkeit und Macht vor einer Klasse beanspruchen. Solche Lehrer leiden an Illusionen und sind der Wirklichkeit fern. Sie geben zwar zu, daß es notwendig ist, das Streben der Kinder in Richtung spontanen Interesses zu fördern, verlangen aber strenge Kontrolle und Zügelung des Interesses. Das ist ein innerer Widerspruch: Man kann nicht durch Unterdrückung Entfaltung bewirken. Unglücklicherweise funktioniert Logik nicht bei Leuten, die an Illusionen leiden, und so kommen diese Lehrer in die Schule und beginnen, ihre Widersprüche durchzusetzen. Sie tun das Einfachste: sie unterdrücken, befehlen, zerstören! Destruktion ist leicht und schnell bewirkt, gleich ob die Struktur einfach oder komplex ist. Jedermann kann das! Aber wie schwer ist es aufzubauen!

Der Lehrer alter Zeiten stellte unbewußt eine Überhöhung seiner eigenen Tugenden dar. Er war vollkommen in den Sinne, immer zu wissen, was zu tun und was zu lassen war. Vor ihm saßen leere Wesen, die mit Wissensfakten gefüllt und sittlich nach seinem Ebenbild geschaffen werden sollten. Gott helfe ihm! Diese Wesen, die in ihren Seelen einen anderen, weit größeren Schöpfer trugen, wurden gezwungen, ihrem Lehrer gleich zu werden, welcher veranlaßt wurde, sie nach seinem Modell vom „Gutsein" zu formen oder sie bei Nichtgehorchen zu bestrafen. So ein Lehrer ist nicht einmal ein Tyrann, denn nach den historischen Beispielen ist Intelligenz erforderlich, um ein Tyrann zu werden.

Gehorsam ist nichts Mechanisches, sondern eine natürliche Kraft sozialer Kohäsion, die innigst mit dem Willen verbunden ist, geradezu seine Überhöhung. Auf den ersten Blick mag diese Behauptung erstaunen, aber sie ist wahr. Richtiger Gehorsam ist eine Überhöhung des Willens der Person, ein Vermögen der menschlichen Seele, ohne das Gemeinschaft nicht bestehen könnte. Aber ein Gehorsam ohne wirkliche Selbstkontrolle, ein Gehorsam, der nicht einem wachen und geübten Willen folgt, stürzt ganze Völker ins Verderben.

Wenn der Lehrer dann seinen großen Verzicht auf Macht und Herrschaft leistet, merkt er, daß er aus ihrem Verlust ungeheuer viel gewinnt. Er erwirbt die Geduld des Wissenschaftlers, eine Geduld, die vor allem im intensiven Interesse am Beobachten besteht. Auch Wissenschaftler verzichten auf manches, was die Menschen gewöhnlich attraktiv finden, aber sie weinen dem wenig nach! Erinnern wir uns an Madame Curie, die nur Verdruß empfand, als irgendeine Universität sie bei der Arbeit mit dem Radium unterbrach, um ihr ein Ehrendoktorat zu verleihen! Auch Edison, einer der ersten Freunde der Montessori-Methode, war es bald müde, sich von seiner eleganten Ehefrau zu Gesellschaften schleppen zu lassen, während er mit seinem Herzen in seinem Laboratorium weilte. Eines Tages kam er nach Hause, legte seine Krawatte und seinen Gesellschaftsanzug ab, machte ein Bündel daraus und warf es aus dem Fenster, indem er ausrief: „Da geht Dein Gesellschafts-Ehemann dahin!" Dann zog er sich seinen alten Morgenrock und seine Arbeitspantoffel an. Solche Leute betrachteten es nicht als Opfer, auf geringere Dinge größerer wegen zu verzichten. Sie taten, was ihnen zu tun am besten schien, da das erworbene heftige Interesse sie verwandelt und veredelt hatte; und der Lehrer, der diesen Grad des Interesses erreicht, verwandelt sich ganz ähnlich. Er stößt zu der glücklichen Gruppe von Menschen, die den Weg des Lebens eingeschlagen haben. So sicher wie die Wissenschaftler dringen sie in die Geheimnisse des Lebens ein und gewinnen ihren Lohn, nicht nur für sich, sondern für alle.

III. Von der Kindheit zur Jugend

EINLEITUNG DER HERAUSGEBER

Gegen Ende der zwanziger Jahre drängten in Holland Eltern von Kindern, die die Montessori-Grundschule absolviert hatten, auf die Fortsetzung der Montessori-Erziehung auch in der Sekundarstufe. Da Montessori zunächst nicht dazu kam, ihre Konzeption weiter auszubauen, eröffneten die holländischen Montessori-Pädagogen nach intensiver Vorbereitung 1930 selbst ein Montessori-Lyceum (Gymnasium) in Amsterdam[30]*. Sie waren sich aber bewußt, damit nur eine „Schule nach den Prinzipien Montessoris" zu gestalten. Um die Mitte der dreißiger Jahre stellte Montessori dann in Vorträgen ihre eigenen Ideen von einer solchen Sekundarschule unter der Überschrift „Erdkinderplan" vor. Ende der dreißiger Jahre wurde dieser „Erdkinderplan" veröffentlicht, ohne aber irgendwo realisiert worden zu sein.*

Nach dem Zweiten Weltkrieg erschien der „Erdkinderplan" dann 1948 in einer französischen Übersetzung von Georgette Bernard, verbunden mit schulpädagogischen Vorschlägen für die beiden benachbarten Altersstufen: das Alter von sechs bis zwölf Jahren und das Alter nach achtzehn Jahren. Dieses Buch („De l'enfant a l'adolescent") wurde dann 1966 auch in deutscher Sprache unter dem Titel „Von der Kindheit zur Jugend" herausgegeben[31]*.*

---

[30] Vgl. Calff, J. S., Van het pionier tot mammoet. Het Amsterdams Montessori Lyceum 1930–1980, Amsterdam 1980, bes. Einleitung und Kap. 1.
[31] Die Übersetzung besorgte Karl Neise.

(1) *Das* Programm für die Sechs- bis Zwölfjährigen, *das von Bernard dabei auf der Basis verschiedener Textunterlagen herausgebracht wurde, enthält ähnliche Gedanken und Vorschläge, wie Montessori sie in Vorträgen während ihres Aufenthaltes in Indien breiter entfaltet hat*[32]*. Die straffere Darstellung des Programms in dem französischen Buch kommt ihm in seinen theoretischen Partien zugute; in den praktischen dagegen läßt die kurze Fassung der Beispiele Montessoris (vom Wasser, vom Kohlenstoff usw.) nicht das lebendige Bild einer für Kinder dieses Alters geeigneten erzählend-anschaulichen Darbietung entstehen. Darum sind diese Partien hier ausgelassen.*

(2) *Was nun den* „Erdkinderplan" *angeht, so ist er wirklich nur ein Programm, das Montessori nicht mehr hat realisieren können. Sie möchte für diese Altersstufe eine Art Landerziehungsheim als „Erfahrungsschule des sozialen Lebens" (S. 136) aufbauen. Zugleich sollen die Jugendlichen dort aber die Möglichkeit haben, mit Hilfe des reichen Angebotes eines gewissermaßen polytechnischen Lehrplans „von den Ursprüngen her in die Kultur einzudringen" (S. 140), an der sie als Erwachsene einmal Anteil haben und die sie dann als mündige Bürger mittragen sollen. Es behält dieser Erdkinderplan seine Bedeutung als Entwurf für Schulen in freier Trägerschaft mit engagierten Lehrerteams, die den Mut hätten, „moderne Schulen nach dem Bild dieses Ideals ... (zu realisieren), deren unsere Kinder mehr denn je so dringend bedürfen"*[33]*, wie die Herausgeber des französischen Buches es sich schon gewünscht hatten.*

(3) *Montessoris Ausführungen zum Alter über achtzehn Jahren und der ihm angemessenen Schule, der* Universität, *sind nur ganz kurz. Ist ihr ganzes Erziehungskonzept gerichtet auf das Selbstlernen des Kindes und die Hilfe, die ihm dafür geboten werden kann und muß, so gilt das in gesteigertem Sinn für den Jugendlichen auf der Univer-*

[32] Vgl. in diesem Band den Text „Menschliche Potentialität und Erziehung".
[33] M. Montessori, De l'enfant à l'adolescent, Paris 1948, S. 7.

sität. Montessori setzt voraus, daß der junge Mensch von achtzehn Jahren mündig ist, daß er wissen muß, daß die Universität keine bloße Stätte der Wissensvermittlung ist, sondern daß ihr Charakteristikum darin besteht, „das Studieren zu lehren" (S. 167). Und wer nicht begriffen hat, daß man damit nie fertig wird, soll nach Montessoris Meinung erst gar nicht zur Universität gehen.

Indem Montessori bei den Universitätsstudenten wirklichen „Durst nach Bildung" voraussetzt, wenn sie gemäß der Idee des „Erdkinderplans" haben aufwachsen dürfen, erwartet sie sich, daß die Universitätsprofessoren in ihnen „glühende Apostel, intelligente Kritiker und echte Mitarbeiter" finden statt „widerwillige, indifferente und träge Geister und respektlose junge Leute, die sie (die Professoren) wie junge Ziegen an der Leine führen müssen" (S. 162).

(1) *Programm für die Sechs- und Zwölfjährigen*

(Aus: M. Montessori, Von der Kindheit zur Jugend, Freiburg ³1979, S. 43–51; 89–90)

Wenn man die Vorbereitung der Kinder zum Verlassen des umhegten Raumes, in dem sie bis sieben Jahre erzogen wurden, ins Auge faßt, so tut sich dem Geiste ein weites Feld auf. Das Verlassen eines Zimmers oder eines Klassenraumes, mit dem Ziel, sich in die äußere Welt zu begeben, die alle Dinge in sich enthält, bedeutet natürlich, der Unterweisung ein gewaltiges Tor zu öffnen. Es ist ein Ereignis, das in der Geschichte der Pädagogik mit dem Erscheinen des Buches von Comenius „Orbis Sensualium pictus" verglichen werden kann.

Vor Comenius vermittelte man ein beschränktes Wissen allein durch das Wort. Comenius kam auf den Gedanken – und es scheint dies der erste Stein zu einer neuen Erziehungsmethode gewesen zu sein –, die Welt durch Bilder zu vermitteln. Das Wissen um sie mußte so gewaltig vermehrt werden.

Er schuf ein Buch mit Zeichnungen, die die ganze Welt darstellten: Pflanzen, Tiere, Steine, Menschenrassen, geographische Karten, historische Ereignisse, Gewerbe, Handel, Medizin, Hygiene, Reproduktionen der ersten Maschinen, die Art, in der sie funktionierten usw. ... Jeder Begriff war durch eine Zeichnung dargestellt und durch einige Worte erläutert. Es schien leicht, alles zu umfassen durch die Betrachtung der Zeichnungen des Buches. Es war wahrhaftig das erste Beispiel dessen, was später die Enzyklopädien darstellten, mit dem einen Unterschied, daß die Enzyklopädien zum Wort zurückkehrten, während der „Orbis Sensualium pictus" nahezu einzigartig in der Geschichte der Pädagogik geblieben ist.

Trotzdem blieb diese Idee bestehen, und man hat angefangen, mittels sinnenhafter Gegenstände zu unterrichten. Aber wie Ideen schwächer werden, wenn sie allgemein verbreitet werden, so hat die Lehrerin an Stelle der von Comenius vorgetragenen Kenntnisse – er wußte alles – und an seiner Statt nur ihre ärmlichen Kenntnisse in Bilder übertragen, vermittelt.

Dann kam man auf den Gedanken, daß die zweidimensionale Darstellung für das Verständnis nicht ausreichte. Man bot ihm daraufhin dieses wenige an Wissen in natura an. Aber wegen der Schwierigkeit, sich die Dinge zu verschaffen und sie zu erhalten, wurden sie in eine Sammlung eingeschlossen. Jede moderne Schule, die etwas auf sich hält, muß ihre Sammlung haben. Und da hatte man zu den eingeschlossenen Kindern eingeschlossene Dinge. Um das Kind, das das Bedürfnis hat, die Dinge zu sehen, um sie zu begreifen, herrscht eine schwere und niederdrückende Atmosphäre, passend zu der Unterschätzung der kindlichen Intelligenz durch den Erwachsenen. Die Macht der kindlichen Intelligenz bleibt unbeachtet. Wir, denen das Kind diese Macht seiner Intelligenz offenbart hat, möchten die eigentliche Idee von Comenius wieder aufgreifen, indem wir den Kindern die Welt selbst darbieten.

Wenn das Kind wandert, bietet sich ihm die Welt selbst dar. Veranlassen wir das Kind zu wandern, zeigen wir ihm die Dinge in ihrer Wirklichkeit, anstatt Gegenstände anzufertigen, die Begriffe darstellen, und sie in einen Schrank einzuschließen.

In ihrem Gesamt wiederholt die Welt mehr oder weniger immer dieselben Grundbegriffe. Wenn man z. B. das Leben der Pflanzen oder der Insekten in der Natur studiert, hat man mehr oder weniger eine Vorstellung vom Leben der Pflanzen und der Insekten in der ganzen Welt. Niemand kennt *alle* Pflanzen. Es genügt, eine Kiefer zu sehen, um sich vorzustellen, wie alle anderen Kiefern leben. Sind wir in die verschiedenen Lebensfunktionen der Insekten, die wir auf dem Lande sehen, eingeweiht, dann können wir uns vom Leben aller anderen Insekten eine Vorstellung machen. Niemand hat jemals alle Insekten des Universums vor seinen Augen gehabt; aber die Welt als ganze läßt sich geistigerweise vermittels der Vorstellung erfassen. Man studiert die Wirklichkeit des Details, und dann stellt man sich das Ganze vor. Dieses Detail kann in der Vorstellungskraft wachsen und die Erkenntnis des Ganzen bewirken. So die Dinge zu studieren, ist gewissermaßen eine Meditation über das Detail. Das bedeutet, daß man in einem Individuum die Personalität mit Hilfe eines Teils der Natur vertieft.

Ist es nötig, wenn man auf einen Fluß oder einen See stößt, alle Flüsse und Seen der Welt zu sehen, um zu wissen, was das ist? Die Vorstellungskraft kann sich danach die Welt vorstellen. Eine Maschine, ein Angler, ein Mensch, der arbeitet – alles das sind Details, die das Wissen bilden. Da haben wir eine Methode einer universalen Bildung. Offensichtlich bringen vor allem der Besitz realer Dinge und ein wirklicher Kontakt mit ihnen ein wirkliches Ganze der Bildung mit sich. Die durch sie erzeugte Inspiration belebt die Intelligenz, die Interesse und Wissensdrang zeigte. Aus all diesen gesehenen Dingen entstehen intellektuelle Interessen (die Klimata, die Winde usw. ...); der Unterricht wird lebendig. Anstatt illustriert zu werden, wird er verlebendigt. Mit einem Wort, der Aufbruch (la sortie) ist ein neuer Schlüssel zur Intensivierung der Bildung, die gewöhnlich in der Schule vermittelt wird.

Keine Beschreibung, kein Bild, kein Buch kann das wirkliche Sehen der Bäume mit dem ganzen Leben, das sich um sie herum in einem Wald abspielt, ersetzen. Die Bäume strömen etwas aus, was zur Seele spricht, etwas, was kein Buch und kein Museum vermitteln könnten. Der Wald, den man sieht, offenbart, daß es darin nicht nur Bäume gibt, sondern eine Gesamtheit von Lebewesen. Und diese Erde, dieses Klima, diese kosmische Macht sind für alle diese Lebewesen notwendig, damit sie sich entwikkeln können. Die Myriaden von Lebewesen rings um diese Bäume und diese Majestät und Mannigfaltigkeit sind Dinge, die man aufsuchen muß und die niemand mit in die Schule bringen kann.

So oft wird die Seele des Menschen – besonders die des Kindes – dessen beraubt, weil man sie nicht mit der Natur in Berührung bringt. Und wenn man darauf bedacht ist, diesen Kontakt herzustellen, dann ist es nur wegen der Hygiene. Wie kann ein Kind den Unterschied zwischen der Natur am Tag und der des Nachts beschreiben, wenn es in unserer Epoche sich unausweichlich schlafen legen muß, wenn es Abend wird?

Aus dem Munde eines achtjährigen Kindes hörte ich einmal einen Satz, der mich tief beeindruckt hat: „Ich würde wer weiß was geben, um abends einmal die Sterne sehen zu können" ... Es hatte darüber in seiner Gegenwart sprechen hören, aber es hatte sie nie gesehen. Seine Eltern glaubten, daß das Kind unter keinen Umständen einmal einen Abend aufbleiben dürfte. Diese ganze Hygiene, die sich auf die physische Person konzentriert, hat die Welt neuropathisch gemacht. Man stellt tatsächlich trotz des hygienischen Fortschritts, der die physische Person stärkt, eine Schwächung der Nervenkraft fest. Wenn die Spannkraft beim Erwachsenen anomal geworden ist, dann beruht das auf einer falschen Vorstellung vom Leben. Alle diese Vorurteile schaffen dem intellektuellen Leben des Kindes ebenso viele Hindernisse. Welches Übel kann daraus entstehen, ein Kind einmal später aufstehen zu lassen, wenn man es ausnahmsweise einmal später schlafengehen läßt, um ihm die Möglichkeit zu geben, sein Interesse an der Entdeckung der Sterne oder den Geräuschen der Nacht zu befriedigen? Der Geist des Kindes befindet sich in diesem Alter auf einer abstrakten Ebene. Das Kind begnügt sich nicht mehr damit, die Tatsachen zu sammeln. Es sucht nach ihren Ursachen. Man muß diesen seelischen Zustand nutzen, der es ermöglicht, die Dinge in ihrer Ganzheit ins Auge zu fassen und festzustellen, daß alles im Universum miteinander verbunden ist. Wenn das Kind die Ursachen der gesamten Wirkzusammenhänge sucht, dann kann die Welt, die es vor sich hat, auf dieses normale Bedürfnis eine Antwort geben.

Die Darbietung des Ganzen ist schwerer als die Darbietung der Details. Es genügt ebenfalls nicht, daß die Lehrerin sich darauf beschränkt, das Kind zu lieben und es zu verstehen. Sie muß zunächst das Universum lieben und verstehen. Deshalb muß sie sich selbst vorbereiten und arbeiten. Dabei steht das Kind immer im Mittelpunkt. Aber die Lehrerin soll jetzt den Teil des Kindes, der sich in der abstrakten Welt befindet, ansprechen. Als das Kind ganz klein war, genügte es, es mit seinem Namen anzurufen, damit es sich umdrehe. Jetzt muß der Anruf an seine Seele gehen. Darum genügt es nicht mehr, es anzusprechen: Man muß das Interesse in ihm wachrufen. Was es lernt, muß interessant und faszinierend sein. Man muß Großes bringen: Am Anfang wollen wir ihm die ganze Welt geben.

In der Genesis steht geschrieben: „Gott schuf Himmel und Erde." Das ist sehr einfach, und es ist erhaben. Auch bleibt die Seele wach. Die geringsten Details werden interessant, wenn sie als Teil eines Ganzen dargestellt werden; das Interesse wächst um so mehr, je mehr man von den Details weiß. Übrigens dürfen die Kenntnisse, die man jetzt bringt, nicht mehr auf derselben Ebene liegen. Sie dürfen nicht mehr rein sinnenhaft sein: Das Kind muß jetzt immer seine Phantasie (imagination) zu Hilfe nehmen. Die Phantasie ist die große Macht dieses Alters. Und da wir ihm nicht das Ganze bringen können, muß das Kind sich das Ganze in der Phantasie vorstellen. Die Unterweisung der Kinder von 7–12 Jahren muß sich an ihre Phantasie wenden. Durch die Phantasie sollte das Bild der Wirklichkeit entstehen. Man muß deshalb äußerst präzise und exakt sein: Die Exaktheit, wie die Zahl und wie alles, was Mathematik ist, wird dazu dienen, die Darstellung der Wirklichkeit aufzubauen. Was wirkt nun auf die Phantasie ein? Vor allem das Große und dann das Geheimnis. Die Phantasie kann das ganze rekonstruieren, wenn sie das wirkliche Detail kennt.

Die Phantasie ist dem Menschen nicht zum bloßen Vergnügen an Wundern gegeben, genausowenig wie die vier gemeinsamen Merkmale aller Menschen (Sprache, Religion, Totenkult und Kunst) ihnen gegeben wurde, um nur aus der Kontemplation zu leben. Die Vorstellungskraft wird nur dann groß, wenn der Mensch sich dank seines Mutes und seiner Bemühungen ihrer bedient, um etwas zu schaffen. Sonst wendet sie sich nur an einen im Leeren umherschweifenden Geist.

Die Welt ist gespickt mit Hindernissen. Aber das geistige Leben gibt dem Menschen die Kraft, sie zu überwinden, um seine Aufgabe zu erfüllen. So ist die Vaterlandsliebe auf die Phantasie gegründet. Ist nicht gerade sie es, die uns das Wissen um unser Land und unsere Mitbürger vermittelt? Unser Kampf zugunsten der Kinder bedarf ebenfalls der Phantasie. Denn wir selbst kennen persönlich nur wenige Kinder.

Dennoch gibt es dieses Vaterland, diese Kinder und was wir uns vorstellen, und wir wissen, daß es sie gibt.

Wer nicht diese Welt der Phantasie besitzt, ist nur ein armes Wesen. Aber das Kind, das zuviel Phantasie hat, ist ein unruhiges Wesen. Wir wissen es kaum zu beruhigen. Sagen wir doch nicht: „Wir wollen die Phantasie des kindlichen Geistes unterdrücken", sondern sagen wir: *„Die Phantasie genügt seinem Geiste nicht."* Man muß auch die andere Seite seiner Intelligenz pflegen, nämlich jene der Beziehungen zur äußeren Welt: Seine Aktivität. Dadurch werden wir es an Zucht gewöhnen.

Die Vorstellungskraft des Kindes ist verschwommen, ungenau und unbegrenzt. Aber sobald es sich mit der äußeren Welt in Kontakt befindet, ist es *auf Genauigkeit angewiesen.* Und dieses Bedürfnis ist von der Art, daß der Erwachsene es ihm nicht hätte einprägen können. Es lebt also machtvoll in ihm. Wenn man das Interesse des Kindes auf der Grundlage der Wirklichkeit wachruft, dann wird sogleich der Wunsch wach, mehr von ihr zu erfahren. Dann kann man genaue Bestimmungen bringen; und die Kinder geben diesem Wunsche nach Bestimmungen auf ihre Art Ausdruck. Wir hatten z. B. in einer unserer Schulen einen kleinen Jungen von sieben Jahren, der sich den Rhein zum Studium gewählt hatte. Die Lehrerin hatte eine Karte dieses Flusses mit seinen Nebenflüssen aufgehängt. Das Kind gab sich aber damit nicht zufrieden. Es wollte die maßstäbliche Länge aller Nebenflüsse kennenlernen. (Und siehe da, es war die Idee der Mathematik erweckt.) Um seine Karte besser anfertigen zu können, benutzte es Millimeterpapier. So entstanden gleichzeitig in ihm der Sinn für Proportionen und das Interesse am Studium. Nach seinem eigenen Willen blieb es länger als zwei Monate bei dieser Arbeit. Und es war nicht eher zufrieden, bis es sie peinlich genau beendet hatte. Seine Befriedigung rührte daher, daß es es fertiggebracht hatte, die Idee mit mathematischen Mitteln auszudrücken.

Ziehen wir eine Parallele zu den kleinen Kindern, die die Dinge mit einer immer leichteren Hand befühlten. Diese Übung schien etwas in ihrem Innern zu befriedigen. Jetzt ist es eine Befriedigung auf der Ebene der Vorstellungskraft, während wir damals auf der Ebene des Tastsinns handelten. So treffen sich auf verschiedenen Ebenen parallele Phänomene. Das heißt, als wir beim kleinen Kinde ein Interesse wachriefen, war die Antwort kindlich. Immer nur, wenn das Interesse geweckt ist, kann sich die Kultur wirklich entwickeln. Um dies Erwachen auszulösen, genügt schon ein Detail in der Physik oder in der Chemie. Daraus ergibt sich eine Fülle von Übungen und Bestimmungen, die eine exakte und in die Tiefe gehende Bildung vermitteln.

Die Vorstellungskraft ist sogar die Grundlage des Geistes.

Sie hebt die Dinge auf eine höhere Ebene, auf die Ebene der Abstraktion. Aber die Vorstellungskraft braucht eine Stütze. Sie muß aufgebaut und organisiert werden. Allein der Mensch kann dieses gehobene Niveau erreichen; denn er stößt bis zum Unendlichen vor.

Daraus folgt eine Art Studienplan, der sich so umreißen läßt: *Das Ganze geben, indem man das Detail als Mittel gibt* (apporter le tout en présentant le détail comme moyen). Wenn wir das Studium der Lebewesen betrachten, so ist es also wichtig, zunächst eine Klassifizierung aufzustellen. Wohl zu Unrecht hat man sie zu unterdrücken gesucht. Sie schien zu trocken und schwer, während sie – genau betrachtet – den Schlüssel zum Studium des Ganzen bietet. Die Klassifizierung dient nicht nur zum Verständnis, sondern auch als Gedächtnisstütze. Sie bildet also eine Basis, die man erst legen muß.

Die Lehrerin muß sich die Großartigkeit dieses Ganzen voll zu eigen machen, um es dem Kinde vermitteln zu können. Nicht nur die Klassifizierung einiger Details sollte man zum Ausgangspunkt nehmen, sondern die Klassifizierung des Ganzen. Und dieses Ganze, das im selben Moment vor uns ersteht, wird uns als Basis dienen, damit jedes Detail sich im Geist lokalisieren kann. Wir sagen z. B., daß die Welt dieser Globus ist, auf dessen Oberfläche wir leben. Aber wir sollten sofort dazu sagen, daß dieser Planet aus der Sternenwelt Reflexe erhält. Man kann ihn nämlich nicht vom Ganzen isolieren; man kann sich nicht damit zufriedengeben, ihn allein zu beobachten. Abstrakt betrachtet, können wir ihn als ein Imperium mit drei Reichen ins Auge fassen: Das Reich der Tiere, der Pflanzen und der Mineralien. Zeigen wir einen Globus, der sich ganz von dem unterscheidet, den man in der Geographie verwendet:

Abb. 1

Das Weiße stellt das Land dar, das Schwarze das Wasser. Dieser Globus dient nicht dem geographischen Studium, sondern er ist dazu bestimmt, die Vorstellungskraft anzuregen, die nun, von diesem Globus ausgehend, zu arbeiten anfängt.

Von Tieren, von Pflanzen und Mineralien zu sprechen, ist eine Abstraktion. Aber wir werden an dieser Stelle sagen: „Der Mensch lebt auf der Erde, und er soll sich die Welt erobern ..." Die Intelligenz des Menschen soll sich die Welt erobern, so wie sich die Intelligenz des kleinen Kindes die Umwelt eroberte.

Auf diesem Planeten ist alles eng miteinander verbunden. Und wir stellen fest, daß jede Wissenschaft nur die Einzelheiten eines umfassenden Wissens erforscht. Vom Leben des Menschen auf der Oberfläche des Globus zu sprechen, bedeutet schon „Geschichte" treiben. Jedes Detail ist deshalb von Interesse, weil es eng mit anderen Details verbunden ist. Wir können das Ganze mit einem Tuch vergleichen, in dem jedes Detail eine Stickerei darstellt, während sich das Ganze zu einem wunderbaren Gewebe zusammenfügt.

Um dem Kind von 7–12 Jahren die Vorstellung des Ganzen in der Natur zu vermitteln, z. B. von dem Planeten, auf dem wir leben, müssen wir damit anfangen, ihm die Zahlen zu geben. Um es gut zu machen, muß man wohl schon so weit gehen, dem Kinde eine Vorstellung der gesamten Wissenschaften zu geben; nicht mit allen Einzelheiten und Genauigkeiten, sondern nur einen Eindruck davon. In dieser Epoche, in der eine Art sensibler Periode der Vorstellungskraft existiert, geht es darum, den „Keim für die Wissenschaften" zu legen. Wenn man ihm einmal die Vorstellung vom Ganzen gegeben hat, muß man zeigen, daß von jedem Zweig eine Wissenschaft ausgeht: Die Mineralogie, die Biologie, Physik, Chemie usw. ... Und wie wir schon gesehen haben, setzt die Untersuchung des Details das Studium des Ganzen in Gang. Wohl verstanden, man muß mit einem Detail anfangen. Aber da es kein Detail gibt, das nicht Teil des Ganzen ist, genügt es, irgendeines zu wählen, das die Verbindung mit dem Ganzen herstellt ...

Alles, was wir oben gezeigt haben, ist in Wirklichkeit nur ein Beispiel für die Anwendung der Methode. Aber wir haben die Absicht, das Kind in diese höheren Auffassungen eindringen zu lassen. Vor allem muß unser *Ziel* verstanden werden; nämlich, soweit wie möglich den Bedürfnissen des Wachstums und des Lebens in ihrer Ganzheit zu folgen.

Im Vorhergehenden haben wir einige Kreisläufe gestreift, wie zum Beispiel den des Kalziumkarbonates. Aber alles steht in einem Zusammenhang, und das Interessante besteht darin, sich in diesen Beziehungen zurechtfinden zu können. Aus dem Zusammenhang gelöste Begriffe heranzutragen, bedeutet Verwirrung. Dagegen müssen wir das gemeinsame Band zwischen ihnen bestimmen können; und wenn die Verbindung unter den Begriffen hergestellt ist, die von da an aneinandergekettet sind, dann werden die Einzelheiten selbst ihr gemeinsames Band finden. Dann ist der Geist befriedigt, und es erhebt sich der Wunsch, weiter auf die Suche zu gehen.

Indem wir dem wahren menschlichen Geist gehorchen und mit dem Kinde gemeinsam die Beziehungen unter den Dingen bestimmen, schaffen wir ihm dadurch eine Philosophie. Und warum sollte das Kind nicht philosophieren?

Da der menschliche Geist ein mathematischer und philosophischer ist, trachten wir danach, im angemessenen Verhältnis den Geist des Kindes zur Mathematik und Philosophie zu führen.

Dies ist ein wesentlicher Erziehungsgrundsatz: Einzelheiten lehren bedeutet Verwirrung stiften. Die Beziehung unter den Dingen herstellen bedeutet Erkenntnisse vermitteln.

(2) *„Erdkinderplan"*[34]

(Aus: M. Montessori, Von der Kindheit zur Jugend, Freiburg ³1979, S. 91–121)

Allgemeine Betrachtungen

Das Bedürfnis nach einer Reform der höheren Schulbildung, das sich so gebieterisch meldet, stellt nicht allein ein erzieherisches, sondern auch ein menschliches und soziales Problem dar, das man folgendermaßen zusammenfassen kann: Die Schulen, so wie sie heute sind, sind weder den Bedürfnissen des jungen Menschen noch denen unserer jetzigen Epoche angepaßt.

Die Gesellschaft, deren Schwierigkeiten und Gegensätze einen Höhepunkt erreicht haben, muß einer Krise ins Gesicht sehen, die den Frieden der Welt und sogar die Zivilisation selbst bedroht. Der Fortschritt, durch die Wissenschaft und ihre praktischen Anwendungen realisiert, steht zwar mit dieser Krise in enger Verbindung, ist aber dennoch nicht ihre Ursache. Mehr als in anderen Dingen liegt sie in dem Mißverhältnis, das zwischen der Entwicklung des Menschen und der der äußeren Welt besteht, deren Gang er nicht gefolgt ist.

Während der materielle Fortschritt außerordentlich schnell das soziale Leben völlig umgeformt hat, steht die schulische Entwicklung, da sie unbeweglich auf einem Stand verharrt, der nicht einmal den Bedürfnissen der Vergangenheit entsprach, heute in einem absoluten Widerspruch zum menschlichen Fortschritt.

Wenn eine Reform der höheren Schule für sich allein nicht alle Probleme unserer Epoche lösen kann, so muß sie doch eine notwendige Etappe darstellen und zur Wiederherstellung der

[34] Montessori hat selbst die Bezeichnung „Erdkind" in deutscher Sprache geprägt.

Gesellschaft einen praktischen – wenn auch unvollkommenen – Beitrag liefern.

Dem Problem der Erziehung wohnt heute eine Bedeutung allgemeiner Art inne. Seine Lösung muß die Entwicklung des Menschen fördern und schützen. Durch die Verbesserung des Individuums muß die Erziehung die Gesellschaft verbessern helfen.

Die Erziehung der jungen Menschen nimmt eine ungeheure Bedeutung ein, weil die Reifezeit der Abschnitt ist, in dem das Kind zum Mann wird, d. h. Mitglied der Gesellschaft.

Wenn die Pubertät – vom Physischen aus gesehen – ein Übergang ist zwischen dem Zustand der Kindheit und dem des Erwachsenen, so ist sie, vom Psychologischen[35] aus betrachtet, ein Übergang von der Mentalität des Kindes – das innerhalb der Familie lebt – zur Mentalität des Erwachsenen, der in der Gesellschaft leben muß.

Das Kind hat von seiner Geburt an bis zum Alter von 12 Jahren einen geschlossenen Zyklus vollendet. Von 7 bis 12 Jahren hat es dank seiner Freiheit und unserem Verhalten ihm gegenüber einen Grad von Bildung erreicht, der um 3 Jahre dem von Kindern anderer Schulen voraus ist. Darüber hinaus hat ihm unsere Erziehung außer der Bildung die Möglichkeit gegeben, seine sozialen Beziehungen mit anderen Individuen zu erleichtern.

Gerade in diesem Alter hat das Kind diesen Lebensabschnitt beendet, und die Natur läßt das klar sehen. In diesem Moment muß man das Studium auf die Menschheit richten, auf das menschliche Leben und besonders auf die Menschen, die geholfen haben, die Zivilisation voranzutreiben. Beim Kinde bis zu 12 Jahren mußte die Natur das überwiegende Interesse bilden. Nach 12 Jahren müssen wir bei ihm das Gefühl für die Gesellschaft entwickeln, das dazu beitragen muß, unter den Men-

---

[35] Psychologisch kann im Sprachgebrauch Montessoris auch die Bedeutung von psychisch haben.

schen mehr Verständnis herbeizuführen und daraus folgend mehr Liebe. Laßt uns zu diesem Zweck die Achtung und das Verständnis für die Arbeit und das Leben der Menschen entwikkeln! Drängen wir auf praktische Arbeiten (mit der Erde, den Gasen usw.)! Lassen wir das Kind an mancher sozialen Arbeit teilnehmen. Helfen wir ihm intellektuellerweise durch Studien, die Arbeit des Menschen in der Gesellschaft zu ergründen, um bei ihm jenes menschliche Verstehen und jene Solidarität zu entwickeln, die heute so sehr fehlen!

Wenn die Moral den künftigen Generationen das Gefühl der Anhänglichkeit – nicht nur allein an das Vaterland, sondern an die ganze Menschheit – bringen wird, dann wird die Grundlage der Liebe und des Friedens gelegt sein.

Diese zwei neuen Bedürfnisse des Jugendlichen – beschützt zu sein während der empfindlichen Periode des physischen Überganges und in den Stand versetzt zu sein, die Rolle des Menschen, die er in der Gesellschaft spielen wird, zu begreifen, lassen zwei Probleme von gleicher Wichtigkeit auftauchen, die die Erziehung in diesem Alter betreffen.

Führen wir im einzelnen auf, daß die soziale Konjunktur unserer Epoche, die die stärksten Rückwirkungen nach sich ziehen muß, die Unsicherheit der Zukunft im Gefolge hat.

Die materielle Welt befindet sich in einer vollständigen Umwandlung und bietet die Ungewißheiten und Gefahren, die aus einer neuen Anpassung entstanden sind. Wir haben jene „Sicherheit" der alten Zeit verloren. Jene Zeit ist vorüber, wo der Beruf sich ungestört vom Vater auf den Sohn vererbte. Die Gewißheit einer guten Anstellung, die gute Studien belohnte, ist verloren. Die Familie kann das nicht mehr wie früher garantieren. Nicht einmal der Staat ist in der Lage, seinen Bürgern, die für höhere Berufe bestimmt sind, eine Anstellung zuzusichern, wenn sie ihre Fachschulen absolviert haben. Man muß nun den neuen Schwierigkeiten ins Auge sehen, die die Unsicherheit der modernen Bedingungen hat auftauchen lassen.

Die Welt befindet sich zum Teil im Zustand des Auseinanderfallens, zum Teil im Zustand des Wiederaufbaues. Der Wechsel zwischen Fortschritt und Regression schafft die Unsicherheit. Man kann die Welt mit einem Stück Land vergleichen, das im Begriff ist, sich der Probe des Pfluges auszusetzen.

Unter diesen sozialen Bedingungen müssen wir uns daran erinnern, daß der einzige sichere Führer der Erziehung darin besteht, die Personalität der Kinder zu fördern.

Man muß folglich die menschliche Personalität für alle unvorhergesehenen Eventualitäten vorbereiten, und zwar nicht nur allein unter dem Blickwinkel derjenigen Bedingungen, die allein die Logik voraussehen kann. Ohne strenge Spezialisierung muß man in ihr eine Möglichkeit der schmiegsamen und lebendigen Anpassung entwickeln. In diesem wilden Kampf, zu dem sich das soziale Leben entwickelt hat, bedarf der Mensch außer seines Mutes eines starken Charakters und eines schnellen Verstandes. Er muß zugleich seine Grundsätze durch moralische Übungen verstärken und praktische Fähigkeiten besitzen, um den Schwierigkeiten des Lebens ins Auge sehen zu können.

Die Fähigkeit zur Anpassung ist heute wesentlich; denn wenn der Fortschritt unaufhörlich neue Karrieren öffnet, so unterdrückt er auch unaufhörlich die traditionellen Berufe oder revolutioniert sie.

Es kann zweifellos nicht die Rede davon sein, in den höheren Schulen die Vorbereitung auf die intellektuellen Berufe auszuschließen, noch weniger, in ihnen die Bildung zu verringern. Im Gegenteil! Die Erziehung muß in ihnen sehr weit und vollständig sein, nicht nur für diejenigen, die sich für einen intellektuellen Beruf entschließen, sondern vielmehr für alle Menschen, die in einer Epoche leben, die vom Fortschritt der Naturwissenschaft und ihren Anwendungen geprägt ist.

Der Bauer braucht heute eine Ausbildung; er muß die komplexen Probleme unserer Zeit verstehen. Andernfalls würde er nichts sein als ein Paar Hände, ohne Verständnis für die Rolle, die seine Arbeit im Bereich der Gesellschaft spielt. So wie er jetzt noch ist, könnte man sagen, er hätte keinen Kopf; wohingegen die Intellektuellen Schwächlinge bleiben würden, solange ihre Hände untauglich blieben. Ihr Geist würde unfruchtbar bleiben, wenn er sich nicht der Größe der praktischen Wirklichkeiten, die sie umgeben, bewußt würde.

Menschen, die Hände, aber keinen Kopf haben, und Menschen, die einen Kopf, aber keine Hände haben, sind in der modernen Gesellschaft in gleicher Weise fehl am Platze.

Das Problem einer Reform der höheren Schule wird weder dadurch gelöst, daß man die „Bildung" unterdrückt, noch dadurch, daß man die Notwendigkeit aus dem Auge verliert, die Jugend für die intellektuellen Berufe vorzubereiten. Aber es ist wesentlich, daß diese Vorbereitung die Menschen nicht in ein falsches Gefühl der Sicherheit wiegt und sie nicht unfähig macht, sich den unvorhergesehenen Schwierigkeiten der Wirklichkeit zu stellen, indem man sie über die Bedingungen der Welt, in der sie leben müssen, in Unwissenheit läßt.

Vor noch nicht langer Zeit führte man den Sport in freier Luft in die Erziehung ein, um den jungen Menschen, die eingeschlossen und sitzend lebten, körperliche Übungen zu verschaffen. Heute macht sich das Bedürfnis nach einer dynamischeren Charaktererziehung (éducation plus dynamique du caractère) und nach einem klareren Bewußtsein der sozialen Realität (réalité sociale) bemerkbar.

Die höhere Schule, so wie sie heute existiert, hat kein anderes Ziel, als die Schüler für eine Laufbahn vorzubereiten, als ob die sozialen Bedingungen, unter denen wir leben, noch immer friedlich und stabil wären. Diese Schule verwendet keinerlei spezielle Sorgfalt auf die Personalität der Kinder, noch viel weniger bekümmert sie sich um die körperlichen Dinge, die in dieser Periode der Reife notwendig sind. So entspricht sie nicht nur nicht mehr den sozialen Verhältnissen von heute, sondern sie ist auch vollkommen ohnmächtig vor der Aufgabe, die die ihrige sein müßte: Die Entfaltung der Personalität der Jugendlichen zu beschützen und zu begünstigen, jene menschliche Energie, von der die Zukunft abhängt.

Die jungen Menschen werden zur Arbeit gezwungen, durch ein „Müssen“, durch „Notwendigkeit“ und nicht durch Interesse. Kein bestimmtes Ziel wird ihnen vor Augen gestellt, das ihnen sofort eine Befriedigung bringen und ihr Interesse an einer fortdauernden Anstrengung erneuern würde.

Sie werden von einer äußeren und unlogischen Macht dirigiert, und der beste Teil ihrer individuellen Energie wird verschleudert. Heranwachsende und junge Menschen werden bis zu ihrer Reife wie Grundschulkinder behandelt. Im Alter von 14 und 16 Jahren sind sie noch immer der kleinlichen Behandlung durch „schlechte Zensuren“ unterworfen, mit denen die Studienräte ihre Arbeit abwägen. Diese Methode ist jener analog, die leblose Dinge unter Zuhilfenahme einer Waage abwägt. Die Arbeit wird wie eine unbelebte Materie „gemessen“ und nicht wie ein Produkt des Lebens „beurteilt“. Und gerade von diesen Zensuren hängt die Zukunft des Studenten ab. Unter solchen Bedingungen bildet das Studium eine niederdrückende Bürde, die schwer auf der Jugend lastet, wohingegegen es doch ein Privileg darstellen sollte: Die Einweihung in die Wissenschaft, den Stolz unserer Zivilisation. Die jungen Menschen, d. h. die Menschen der kommenden Zeit, sind nach einem engen und künstlichen Modell geformt. Welch elendes Leben bietet man ihnen an, welch endlose Strafe, welche unwürdige Entsagung ihrer teuersten Hoffnungen!

Außerdem ist die höhere Schule, so wie sie heute besteht, ein Hindernis für die körperliche Entwicklung der jungen Menschen. Die Periode, in der der Körper seiner Reife entgegengeht, ist in der Tat eine schwierige Periode: Der Organismus wandelt sich um, seine Entwicklung schreitet schnell voran. Er ist in diesem Augenblick in einer so empfindlichen Zeit, daß die Ärzte diese Zeit mit dem Augenblick der Geburt und der Periode des schnellen Wachstums in den ersten Jahren vergleichen. Man stellt eine besondere Anfälligkeit für gewisse Krankheiten fest, die unter dem Namen „Krankheiten der Reifezeit“ zusammengefaßt sind. Die Anfälligkeit für Tuberkulose ist eine der hauptsächlichsten Gefahren, denen das Kind während jener Umwandlung, in der es zum Erwachsenen wird, ausgesetzt ist.

In gleicher Weise kritisch ist diese Periode unter dem psychologischen Aspekt. Es ist das Alter der Zweifel und der Unschlüssigkeiten, der heftigen Gemütsbewegungen und der Entmutigung. In dieser Zeit tritt eine Verminderung der intellektuellen Fähigkeiten ein. Die Schwierigkeit, sich auf das Studieren zu konzentrieren, hängt nicht von einem Mangel an gutem Willen ab, sondern sie macht eine der psychologischen Eigenschaften dieses Alters aus. Die Kraft der Aneignung und das Gedächtnis, die die jungen Menschen mit einem solchen Interesse für die Details und die materiellen Dinge ausstattete, scheinen ihre Natur zu ändern.

Prüfen wir nun, was beim jungen Menschen in der höheren Schule vor sich geht: In jeder Stunde wechseln Lehrer und Unterrichtsstoff; sie wechseln ohne jeden sinnvollen Zusammenhang. Man kann sich in einer Stunde nicht völlig auf einen neuen Gedanken umstellen. Hat man sich aber darauf eingestellt, kommt sogleich ein anderer Studienrat, der ein anderes Fach lehrt. Und in dieser geistigen Hetze läuft diese schwierige Periode des menschlichen Lebens ab. Man beschränkt sich darauf, Wissensstoff zu vermitteln, viel Wissensstoff, eine Menge Gegenstände zu berühren, aber alle mit der gleichen Oberflächlichkeit. Man lehrt Latein, Mathematik in der gleichen Art und Weise wie Religion, wo doch die Religion nicht ein Fach wie andere Fächer ist. Hierfür wäre nämlich ein spezielles Studium nötig ebenso wie auch für die Aufbaugesetze der Gesellschaft.

Die wesentlichen Dinge werden gegenwärtig nach demselben Plan wie die Details gelehrt. Wir müssen dagegen dem Bewußtsein das geben, was es im Leben erwartet.

Die Reifezeit ist durch einen Zustand der Erwartung gekennzeichnet, durch die Bevorzugung von schöpferischen Arbeiten und durch das Bedürfnis, das Selbstvertrauen zu stärken. Das Kind wird plötzlich übersensibel gegenüber einer barschen Behandlung und den Erniedrigungen, die es bis dahin mit geduldiger Gleichgültigkeit ertragen hatte. Und die rebellierenden Reaktionen voll Bitterkeit, die daraus entstehen, bringen manchmal moralisch anomale Charakterzüge hervor; wohingegen doch in dieser Zeit, während dieser „sensiblen Periode", sich die Gefühle für die Gerechtigkeit und persönliche Würde entwickeln sollten; d.h. die edelsten Charaktereigenschaften, die den Menschen darauf vorbereiten sollten, ein soziales Wesen zu werden.

Die Umwandlung ist beachtlich. Man hat diese Epoche mit „Wiedergeburt" bezeichnet. Man wird wahrhaftig zum zweitenmal geboren. Es ist also eine Geburt zu einem anderen Leben. Das Individuum wird zu einem sozialen Neugeborenen.

Es ist ein sozialer Mensch, der zwar noch nicht existiert, aber bereits geboren ist. Er ist bezüglich seines Körpers noch voller Schwächen und neuer Bedürfnisse. Die Ärzte sagen, daß in diesem Alter eine starke Sterblichkeit herrscht, die man mit der der Säuglinge vergleichen kann. Es ist überdies leicht begreiflich, wie sehr das schnelle Wachstum des Körpers das Individuum entkräftet.

Parallel damit geht eine starke innere Entwicklung vor sich.

Was ist das? Ein Geheimnis. Ebenso wie das Neugeborene geistigerweise ein Geheimnis ist, ist auch das soziale Neugeborene ein Geheimnis. Jedesmal wenn wir uns vor dem Geheimnis einer Schöpfung befinden, müssen wir diese Schöpfung als eine göttliche betrachten. Sie hängt nicht von dem Willen des Kindes ab. Es ist also eine entscheidende, empfindliche und Rücksicht heischende Periode, die unserer Verantwortung anheimgegeben ist. Was ist sie? Wir wissen es nicht, wir müssen uns beeilen, sie kennenzulernen. Aber es ist notwendig, daß das Kind selbst uns offenbart, was in ihm vorgeht während dieser Zeit des Wachsens, die die wirkliche und wahrhaftige Schöpfung des sozialen Menschen ist. Folglich muß man ihm solche Bedingungen verschaffen, die es notwendig braucht, um seine Offenbarungen zu machen. Bis jetzt blieb das Kind in seiner Familie und seiner Schule. Wir haben bemerkt, daß es nicht freiwillig arbeitete, daß es schnell ermüdete und daß sich eine Menge von Mängeln in dieser Zeit einstellten.

Weil sich hier eine radikale Umwandlung seiner Person vollzieht, muß auch eine radikale Wandlung seiner Erziehung stattfinden.

Es gibt zwei Arten von Schwierigkeiten, die man beachten muß:

1. Die Schwierigkeiten, die der augenblicklichen Struktur der Gesellschaft anhängen.
2. Die Schwierigkeiten, die sich aus den vitalen Bedürfnissen des Pubertierenden ergeben.

Es darf nicht sein, daß das Leben eine „Unbekannte“ bleibt, in der sich die Waise verloren fühlt, in der der Emigrant daran verzweifelt, sein Heil zu finden, weil die Anwendung seiner Fähigkeiten unmöglich bleibt. Der Erfolg hängt vom Selbstvertrauen ab, von der Kenntnis seiner eigenen Fähigkeiten und deren vielerlei Anwendungsmöglichkeiten. Das Bewußtsein seiner eigenen Nützlichkeit und das Gefühl, daß man der Menschheit durch vielerlei Mittel helfen kann, erfüllen das Herz mit einem edlen Vertrauen, mit einer beinahe religiösen Würde. Aber das Gefühl der Unabhängigkeit, das daraus hervorgeht, muß aus der Geschicklichkeit, sich selbst zu genügen, geboren werden, und nicht aus einer vagen Freiheit, die man der gnädigen und großzügigen Hilfe der Erwachsenen verdankt.

Zwei „Glauben“ können den Menschen erheben: Der Glaube an Gott und der Glaube an sich selbst. Und diese beiden Glauben müssen beide zugleich da sein. Der erste betrifft das Innenleben des Menschen, der zweite betrifft den sozialen Menschen.

1. Reformen in bezug auf die augenblickliche Struktur der Gesellschaft

Die wesentliche Reform besteht also darin, den jungen Menschen in den Stand zu versetzen, seine wirtschaftliche Unabhängigkeit zu gewinnen. Es geht darum, eine „Erfahrungsschule des sozialen Lebens" („École experimentale de vie sociale") zu schaffen.

Diese „Unabhängigkeit" hat überdies einen mehr erzieherischen als praktischen Wert. Sie ist der Psychologie des jungen Menschen nützlicher als seinem materiellen Leben. Ein Junge, dessen Vermögen eine materielle Sicherheit gegenüber den Wechselfällen des Lebens zu geben scheint, muß trotz dieser Situation einen großen Gewinn aus der Einführung in die wirtschaftliche Unabhängigkeit ziehen. Seine Persönlichkeit wird gewinnen aus der Tatsache, daß er auf der einen Seite sich fähig fühlt, im Leben durch seine eigenen Anstrengungen und seine eigenen Verdienste zu bestehen, und daß er andererseits mit der höchsten Realität des Lebens in Berührung steht.

Es geht also darum, den jungen Menschen in den Stand zu versetzen, dank seiner eigenen Arbeit Geld zu verdienen. Da wir ja meinen, daß die Mildtätigkeit den Armen in seiner Würde verletzt und daß wir darauf sinnen, ihm die Möglichkeit zu verschaffen, sich das zu verdienen, was er bekommt, warum wenden wir dann nicht das gleiche Prinzip bei denen an, die zu erziehen uns übertragen sind?

Die Arbeit, von der wir sprechen, muß ohne die Idee eines Wettbewerbs bewirken, daß die Qualitäten des Individuums eine Steigerung erfahren, man muß ihm eine Lehrzeit geben, die es den Talenten erlaubt, sich außerhalb einer Spezialisierung zu offenbaren.

Diese Konzeption schließt ein allgemeines Prinzip ein: zu erwägen, daß die Arbeit an sich eine viel größere Bedeutung hat, als die Art von Arbeit, der man sich widmet. Jede Arbeit hat Adel. Die einzige unwürdige Sache ist es, ohne Arbeit zu leben.

Man muß unumgänglich den Wert der Arbeit in all ihren Formen begreifen, seien sie manueller oder intellektueller Art. Die praktische Erfahrung läßt einen begreifen, daß die beiden Arten sich einander ergänzen und daß sie in gleicher Weise in einer zivilisierten Welt wesentlich sind.

Diese Konzeption einer direkten Erziehung birgt eine gewisse Analogie zu dem, was man seit 1837 in bestimmten modernen Schulen Amerikas – höheren Schulen und Universitäten – praktiziert und was man der Mary Lyon verdankt: Die „Self-Help". Aber das Ziel der „Self-Help" besteht ausschließlich darin, armen Studenten die Möglichkeit zu vermitteln, ihr Studium durch eigene Arbeit zu verdienen, anstatt sie von notwendigerweise begrenzten Stipendien abhängig zu machen. Diese Organisation wurde von den Schulen selbst in die Praxis umgesetzt. Das heißt, es ist die Schule, die die „Self-Help" vermittelt, bezahlt, sie überwacht und beschützt. Die Arbeit erlangt man, sei es in der Schule selbst, was in den Internaten leicht möglich ist, oder sei es draußen, jedoch ständig in Beziehung zur Organisation der Schule. Diese Gewohnheit hat sich in den USA weit entwickelt, und die Erfahrung war mit Erfolg gekrönt.

Die „Self-Help" hat zwei Beweise erbracht:

1. Ihre große moralische Bedeutung, indem sie das Bewußtsein der Trägheit nimmt, das man gewöhnlich bei den jungen Leuten findet, die in ihren Familien passiv gehalten werden, indem sie ihnen praktisch den Wert der Zeit und ihrer eigenen Fähigkeiten zeigt und indem sie sie dahin bringt, sich Rechenschaft darüber abzulegen, daß sie fähig sind, am sozialen Leben teilzunehmen.

2. Den Beweis, daß die materielle Arbeit das Studium nicht verzögert, sondern im Gegenteil noch hilft, es zu intensivieren. In der Tat sind es gewöhnlich die Studenten, die dazu gezwungen sind, zur „Self-Help" ihre Zuflucht zu nehmen, die die größten Schulerfolge aufweisen.

Dieser Erfolg mag unsere Behauptung stützen, daß eine produktive Arbeit, die dem jungen Menschen eine wirtschaftliche

Unabhängigkeit sichert, oder genauer gesagt, ihm den ersten Begriff dieser Unabhängigkeit vermittelt, vorteilhafterweise zum allgemeinen Prinzip für eine soziale Erziehung werden kann.

Heutzutage entläßt man das Kind in die Gesellschaft ohne jede vorherige Vorbereitung. Sie müssen ohne Hilfe ihre Erfahrungen sammeln, und das ist ein gefährlicher Verlust an Energie. Während, wenn die Erfahrung mit Hilfe der Schule gesammelt wird, die Kinder durch eine Reihe von einfachen und leichten Erfahrungen geführt werden. Sich einer angenehmen Arbeit hingeben ist eine Erholung; und jede Arbeit muß mit einem Ziel angeboten werden.

Man kann überdies diesen Plan als eine Entwicklung aus den Übungen des praktischen Lebens betrachten, die ihre Probe mit den kleinen Kindern bestanden haben, angefangen bei den ganz Kleinen der Kinderstube.

In unseren „Kinderhäusern" lernen die Dreijährigen Staubwischen, Trocknen, Aufräumen, Tischdecken, bei Tisch servieren, Aufwaschen usw. ... Zu gleicher Zeit lernen sie, sich ganz allein zu waschen, zu duschen, sich zu kämmen, zu baden, sich an- und auszuziehen, ihre Kleider in ihren Schrank aufzuhängen oder sie in eine Schublade einzuordnen, ihre Schuhe zu putzen usw. Diese Übungen sind Teil der Erziehungsmethode und nicht von der sozialen Lage der Schüler abhängig. Die Kinder aus wohlhabenden Familien, die gewohnt sind, von den Hausangestellten umgeben zu sein, machen ihren Teil der „Übungen des praktischen Lebens", wenn sie in unsere „Kinderhäuser" kommen. Diese Arbeiten verfolgen ein erzieherisches Ziel und keinen nützlichen Zweck. Und die Kinder reagieren durch eine wahrhafte Explosion von Unabhängigkeit betreffs jeder unnützen Hilfe, die ihre Aktivität unterdrückt und sie daran hindert, von ihren eigenen Mitteln Gebrauch zu machen. Es sind genau diese „unabhängigen Kinder", die mit 4 ½ Jahren das Schreiben und spontan das Lesen lernen und deren Fortschritte in der Arithmetik erstaunlich sind.

Die frühe intellektuelle Entwicklung dieser Kinder beweist sehr gut, daß die Arbeit sie nicht ermüdet. Sie haben uns das wesentliche Bedürfnis ihrer Entwicklung offenbart, indem sie uns sagten: *„Hilf mir, es allein zu tun!"*

2. Reformen bezüglich der vitalen Bedürfnisse der Heranwachsenden

Während der schwierigen Periode der Reifezeit ist es wünschenswert, das Kind fern von seinem gewohnten Milieu, seiner Familie, auf dem Lande leben zu lassen, in einer ruhigen Umgebung, im Schoße der Natur. Dort müssen ein Leben in frischer Luft, individuelle Sorgfalt und gesunde Ernährung die ersten Bedingungen für die Organisation eines Studien- und Arbeitszentrums sein.

Diese Theorie basiert übrigens auf einem Rezept, das bereits ausgiebig in der ganzen Welt ausprobiert wurde. Die Gründung von höheren Schulen, die weit von den Großstädten entfernt auf dem Lande oder in kleinen Städten liegen, geht sehr weit zurück. Diese Institutionen gediehen sehr zahlreich in England zur Nutznießung aller Klassen der Gesellschaft, sogar der privilegiertesten (Eton, Harrow usw.), und das gleiche Prinzip findet man bei den Universitäten von Oxford, Cambridge usw. wieder. Solche Schulen erfreuen sich in England und in den USA eines solchen Erfolges, daß man Städte um die Universitäten errichtete, die zuvor isoliert waren. Das ist bei einem großen Teil der modernen Universitäten Amerikas der Fall.

Das Leben in frischer Luft, in der Sonne und eine an Vitaminen reiche Nahrung, die von den benachbarten Feldern besorgt wird, sind kostbare Hilfen für den Körper des Heranwachsenden, während die ihn umgebende Ruhe, die Stille und die Wunder der Natur die Bedürfnisse seines Geistes befriedigen, indem sie sein Nachdenken und seine Meditation begünstigen. Außerdem kann sich in einem College der Rhythmus des täglichen Lebens am besten mit den Erfordernissen des Studiums und der Arbeit in harmonischen Einklang bringen, während die familiäre Atmosphäre sich mehr den Erfordernissen des Lebens der Eltern anpassen muß.

Dennoch ist unser Plan nicht nur eine simple Wiederholung dieser Universitäten auf dem Lande oder in einer kleinen Stadt. Denn es ist nicht das Land an sich, dem eine solche Kraft innewohnt, sondern die Arbeit auf dem Lande und die „Arbeit" im allgemeinen mit dem sozialen Empfinden, das die Produktion und der Gewinn mit sich bringen.

Die Beobachtung der Natur ist nicht nur eine Bereicherung des Geistes in philosophischer und wissenschaftlicher Hinsicht. Sie legt auch den Grundstein für viele soziale Erfahrungen, die das Studium der Zivilisation und des menschlichen Lebens hervorbringen.

Bei der „Arbeit auf dem Lande" handelt es sich nicht darum, Studenten in Bauern umzuwandeln: Die intensiven Methoden der modernen Landwirtschaft hängen nicht nur allein von der manuellen Tätigkeit des Menschen ab, sondern in gleicher Weise auch von seiner Erfindungskraft. Dank der Naturwissenschaft – einem Produkt der Kultur – hat er in gewisser Weise eine „Superkonstruktion" (superconstruction) geschaffen.

Also bedeutet die Arbeit mit der Erde gleichzeitig eine Einführung in die Natur und in die Kultur. Die Arbeit mit der Erde ist der Zutritt zum unbegrenzten Studienweg der Naturwissenschaft und Geschichte. Was die Ernte betrifft, die darauf folgt, so stellt sie eine Einführung in den fundamentalen sozialen Mechanismus der Produktion und des Warenaustausches dar, auf dem die ökonomische Basis der Gesellschaft ruht.

Diese Art der Arbeit führt die Kinder mitten ins soziale Leben hinein, gleichzeitig durch Erfahrung und durch Studium.

Wenn wir diese Organisation „die Erdkinder" (les Enfants à la Terre), oder „Landkinder" (Enfants Champêtres) genannt haben, so deshalb, weil es sich tatsächlich um Kinder handelt, die von den Ursprüngen her in die Kultur eindringen; d. h. in einem Stadium, in dem die Völker, als sie seßhaft wurden, eine Ära des Friedens und des Fortschritts eröffneten, während die Nomaden Barbaren und Krieger blieben.

Die Schule dieser Kinder, oder vielmehr ihr Haus auf dem Lande oder in einer kleinen Stadt, muß ihnen die Gelegenheit zur sozialen Erfahrung sein, weil hier ihr Leben nach einem größeren Maßstab eingerichtet ist und ihnen eine Möglichkeit zur größeren Freiheit als in ihren Familien bietet.

Zu dieser Organisation müssen noch verschiedene Arten von Beschäftigungsmöglichkeiten hinzukommen. Eine teilweise Verwirklichung würde nur einen Mißerfolg nach sich ziehen. Gleichzeitig gehören ein Gasthaus, ein Geschäft und ein Bauernhof dazu, indem alles sich ergänzt.

Ein moderner Bauernhof, der eine ganze Menge an wissenschaftlicher und manueller Arbeit nötig macht, bietet die Möglichkeit, zu produzieren, auszutauschen und mit der Gesellschaft in direkten Kontakt zu treten mittels eines Geschäftes oder eines Geschäftsraumes.

Wenn man noch ein Gasthaus zufügt, ein „Gasthaus der Landkinder", dann würde der Schule die Möglichkeit verliehen, die Kinder in alles einzuführen, was ein solches Unternehmen umfaßt.

Da dieses Haus gleichzeitig Jungen und Mädchen aufnimmt, muß es von einem Ehepaar geleitet werden, das außer seinen materiellen Aufgaben noch einen moralischen und schützenden Einfluß ausübt. Das würde ein familiäres Haus sein.

Indem die jungen Menschen an der Verwaltung dieses Hauses teilhaben, erwerben sie sich Erfahrung in all den verschiedenen Zweigen, die ein Gasthausunternehmen bietet, von der Beschaffung des Komforts angefangen bis zur materiellen und sozialen Organisation, bis zur Aufsicht und zur finanziellen Kontrolle.

Wenn die kleinen Kinder uns bewiesen haben, daß sie fähig waren, ihr Haus sauber und ordentlich zu halten, bei Tisch zu servieren, die Teller zu spülen oder für das Tischgeschirr verantwortlich zu sein, dann wird es für Heranwachsende leicht sein, zu lernen, wie man ein Hotel führt. Das ist ein Gewerbe, für dessen Vorbereitung übrigens spezielle Schulen geschaffen wurden.

Dieses Gasthaus kann sich mit seinen vielen Beschäftigungen über das „Wohn-Hotel" (l'habitation-hôtel) der Kinder hinaus ausbreiten. Es kann, obwohl es ganz einfach und ländlich bleibt, dazu bestimmt sein, kurze Besuche der Familie der Schüler aufzunehmen, indem es ihnen erlaubt, sich über die Lebensweise ihrer Kinder im Heim Rechenschaft abzulegen und zum ökonomischen Ausgleich der Einrichtung beizutragen.

Das Gasthaus, das nach einem modernen Plan in einer kunstvollen Einfachheit entworfen ist und durch die von künstlichem Zwang befreiten Kinder belebt wird, muß eine ganze Skala von Beschäftigungsmöglichkeiten liefern, die dazu angetan sind, den künstlerischen Sinn in der Wohngestaltung zu entfalten.

Schließlich ist eine andere soziale Einrichtung erfahrungsgemäß eine sehr bedeutsame, nämlich das „Geschäft", das hier das soziale Haus sein wird.

Ein Laden oder Kontor, die in der benachbarten Stadt errichtet sind, erlauben den „Landkindern" die Produkte ihrer Felder und Gärten hierhin zu bringen und zu verkaufen, ebenso andere Produkte ihrer Arbeit und eventuell die Arbeiten anderer Menschen. Auch können sie hier solche von armen Nachbarn oder Handwerkern, die im gewöhnlichen Handel keinen Platz finden, absetzen.

Dennoch muß dieser Handel besondere und eigene Züge aufweisen und die Tradition der Vergangenheit bewahren, wo sich das persönliche Talent durch jedes Stück ausdrückte.

Dieser Laden kann vielleicht als eine historische Wiedererweckung des mittelalterlichen Ladens betrachtet werden, der ein Zentrum für Zusammenkünfte und, um es so auszudrücken, ein Symbol der Geselligkeit war. Er eröffnete ebenso einen künstlerischen Aspekt. Einer gewissen religiösen Idee geweiht und gewidmet, diente er zum Kaufen und Verkaufen mit einer rechtschaffenen Einfachheit. Schließlich bildete er eine Art öffentliche Einrichtung für den kleinen Handel, wo sich tatsächlich der individuelle „Tauschhandel“ der Dinge vollzog, der den Austausch von Neuigkeiten und Gedanken mit sich brachte. Er war ein Teil des sozialen Lebens.

Die alte Sitte, Geschäfte mit Freundschaft zu verbinden und persönliche Kontakte herzustellen, ist eine Reminiszenz der Vergangenheit. Dieser Brauch verdient es, bei der fröhlichen, enthusiastischen und nach Abwechslung begierigen Jugend wiederbelebt zu werden.

Das Geschäft macht darüber hinaus eine sinnreiche Einführung in Handel und Umsatz notwendig. Es muß die Kunst lehren, Wünsche zu befriedigen und Worte und Gedanken mit dem Mann auf der Straße auszutauschen, ebenso wie eine genaue und strenge Buchführung.

Studien- und Arbeitsplan

Es ist unmöglich, a priori ein detailliertes Studien- und Arbeitsprogramm festzulegen. Wir können hier lediglich einen allgemeinen Rahmenplan aufstellen. Das Programm muß sich ganz natürlich aufbauen, durch die Erfahrung begründet.

Die Stufen sind nicht notwendigerweise schon von Anfang an mit dem heutigen Programm der höheren Schulen verbunden. Noch weniger dürfen sie sich der üblichen „Methoden“ bedienen. Es handelt sich übrigens darum, das Wissensgebiet zu erweitern und nicht darum, es einzuengen. Die Reform muß sich hauptsächlich auf die *Art und Weise,* das Wissensgebiet einzuteilen, und auf die „Unterrichtsmethoden“ erstrecken.

Unser Plan zielt vor allem darauf, die Wertschätzung der Personalität unter den augenblicklichen sozialen Bedingungen zu ermöglichen. Eine solche Erziehung hat also nicht das Recht, die Unterweisung auf eine Spezialisierung einzuengen, die eine „gute Stellung“ für die Zukunft zu sichern vermag. Die

Notwendigkeit einer Spezialisierung ist sehr unheilvoll, und man darf sie nur als ein „praktisches Mittel“ ansehen, um in die Gesellschaft einzutreten und nicht als ein „Ziel“, dem man gleichzeitig die Werte des Individuums und sein Verantwortungsgefühl für das Gemeinwesen opfern müßte.

Zwei Prinzipien sind wesentlich:

1. Um sich zu erholen, ist es nicht notwendig, zu den „Ferien“ Zuflucht zu nehmen, die einen Zeitverlust darstellen und die Kontinuität des Lebens unterbrechen. Die Erholung liegt in der *Abwechslung der Beschäftigungen;* man verschafft sich also seine Ferien durch die Abwechslung der Betätigungen und durch die Mannigfaltigkeit der Interessen.

2. Das Studium entspricht einem „Bedürfnis der Intelligenz“. Wenn man es folglich so einrichtet, daß es der psychischen Natur des Individuums entspricht, dann stellt es nicht nur allein keine „geistige Ermüdung“ dar, sondern es entspricht sogar diesem Bedürfnis, indem es die geistige Entwicklung stärkt und regeneriert.

Die Beweisführung dieser zwei Prinzipien haben wir schon in unseren „Kinderhäusern“ durchgeführt. Die Studien und die Arbeit, die dort keine Ermüdung herbeiführen, stärken die Willenskraft der Kinder dermaßen, daß diese – unermüdlich – mit ihrer Arbeit fortfahren, wenn sie nach Hause zurückgekehrt sind.

Zur Zeit unseres ersten Versuches kamen die Kinder morgens um 8 Uhr und gingen wieder abends um 6 Uhr. Um ihre Arbeit nach dem Heimgang dennoch fortsetzen zu können, nahmen sie das Material aus der Schule mit. Bei den Heranwachsenden trifft man sicherlich ebensolche Begeisterung.

Um aber ein solches Ergebnis zu erzielen, ist es notwendig, der Natur „beizustehen“, indem man den besonderen Bedürfnissen eines jeden Alters entspricht. Die Erfahrung muß der Führer dabei sein.

A. Moralische Pflege

Unter moralischer Pflege verstehen wir die herzustellenden Beziehungen zwischen den Kindern, den Lehrern und der Umgebung. Die Lehrer müssen den jungen Personen gegenüber eine sehr große Achtung bewahren: In der kindlichen Seele sind große Werte verborgen. Auf dem Geist dieses Jungen und Mädchens ruht unsere ganze Hoffnung des Fortschritts für die Zukunft. Außerdem werden sie die Richter der Gegenwart sein.

Im *Geheimnis des Jugendlichen* liegt die innerste Berufung des Menschen.

Wenn sich durch Generationen hindurch ein sozialer Fortschritt verwirklicht, wird die Entwicklung dieser Kinder, wenn sie einst Erwachsene geworden sind, derjenigen ihrer augenblicklichen Lehrer überlegen sein.

In jedem Jugendlichen kann man das Symbol Jesu wiederfinden, der sich einem Vater verbunden fühlte, der ihn seine irdischen Eltern vergessen ließ und der die Weisen und Ältesten durch seine Weisheit erstaunte. Vergessen wir jedoch nicht, daß „Jesus seinen Eltern untertan war und gehorsam arbeitete, während er sich auf seine zukünftige Mission vorbereitete".

Diese Achtung vor den jungen Menschen ist wesentlich. Niemals darf man Jugendliche wie Kinder behandeln: Sie haben dieses Stadium verlassen, und es ist besser, sie so zu behandeln, als ob ihre Tüchtigkeit größer wäre als sie tatsächlich ist und nicht ihre Verdienste zu bagatellisieren und zu riskieren, das Gefühl ihrer Würde zu verletzen.

Man muß der Jugend genügend Freiheit lassen, damit sie nach einer individuellen Initiative handeln kann. Verschaffen wir ihr also die Mittel, indem wir ihr die Freiheit lassen, schöpferisch zu wirken. Damit aber das individuelle Handeln sowohl frei als auch fruchtbar sei, muß es auf bestimmte Grenzen beschränkt und bestimmten Regeln unterworfen sein, die in eine notwendige Richtung weisen. Diese Grenzen und Regeln müssen von der gesamten Institution beachtet werden; man darf bei den Jugendlichen nicht den Eindruck erwecken, als ob sie ahnungslos und unfähig seien, sich selbst zu disziplinieren.

So wie das Material der kleineren Kinder müssen die Regeln „notwendig und ausreichend" sein, um die Ordnung aufrechtzuerhalten und einen Fortschritt zu sichern. Die Organisation muß derartig konzipiert werden, daß sich die Jugendlichen später keineswegs fremd vorkommen und daß sie sich in jede Umgebung eingewöhnen können.

Diese Eingewöhnung wird sich dann durch eine „Zusammenarbeit" manifestieren, Quelle einer sozialen Harmonie, die den individuellen Fortschritt beschleunigt.

Die Umgebung muß „die freie Wahl" erleichtern. Aber es muß vermieden werden, daß das Kind Zeit und Energie nutzlos verliert, indem es ungewissen und unbestimmten Vorlieben nachgeht.

Aus der Gesamtheit dieser Voraussetzungen wird nicht nur die Disziplin entstehen, sondern auch der Beweis dafür, daß diese Disziplin eine Seite der individuellen Freiheit darstellt, einen wesentlichen Faktor des Erfolges im Leben.

Es ist unabdingbar, für die Ordnung zu sorgen, nach der die Beschäftigungen im Laufe des Tages aufeinander folgen, und gut den Augenblick zu wählen, wann gewechselt wird. D.h., man muß sich der Gelegenheiten bedienen, die sich anbieten und die zur Organisation beitragen.

Außerdem muß man neben den aktiven Beschäftigungen dem Bedürfnis nach Einsamkeit und Ruhe Rechnung tragen: Das sind zwei Notwendigkeiten beim Jugendlichen.

B. Die Leibespflege

Die Leibespflege erfordert eine ganz besondere Aufmerksamkeit, die durch die physiologischen Bedingungen des Jugendlichen gegeben ist. Es ist eine Krisenperiode, während welcher alle Hormondrüsen (toutes les glandes endocrines) sich in Bewegung befinden und durch sie der gesamte Organismus. Der

Körper wächst schnell, aber er wächst nicht in einem gleichförmigen Rhythmus; daher das funktionelle Mißverhältnis. Während der ersten Periode des Reifens wachsen die Beine viel schneller als der Oberkörper und folglich schneller als der Brustkorb. Daraus resultiert eine Unzulänglichkeit des Herzens und der Lunge, die Herzklopfen und eine Herabminderung der Widerstandskraft der Lunge verursacht. Die Muskelkraft wächst ebenfalls nicht im Verhältnis zur Statur und gemäß der Streckung der Beine. Man kann die körperliche Reifung in drei Perioden einteilen:

1. Streckung der Beine,
2. Entwicklung des Oberkörpers, speziell des Brustkorbes,
3. Entwicklung der Muskelkraft.

Und da diese Umbildungen sich in kurzen Intervallen, in etwa 2 Jahren vollziehen, ist es gut, das Wachsen des Jugendlichen zu überwachen, Körpermessungen durchzuführen und periodisch sein Herz und seine Lunge zu überprüfen, selbst wenn er vollkommen gesund zu sein scheint.

Besondere Aufmerksamkeit verdient seine Ernährung. Sie muß reichlich und nahrhaft sein, aber ohne Fleisch während dieser Periode. Auf dem Lande, wo Gemüse, Früchte, Eier- und Milchspeisen ihren vollen Wert behalten, müssen rohe Pflanzenkost und besonders Früchte mit Milch, gefolgt von Milch und Eiern, reichlich in den Mahlzeiten vorkommen. Frisch gepflücktes Gemüse und Früchte, die bis zur vollen Reife auf den Bäumen blieben, sind wahre Schätze. Welkes Gemüse und künstlich gereifte Früchte, wie man sie häufig in den Städten kauft, haben einen ungenügenden Nährwert.

Die gewöhnlichen Gifte, wie Alkohol und Tabak, müssen vom Jugendlichen verbannt sein. Man muß sie durch Süßes ersetzen; denn der Zucker ist für ihn ein Nährstoff von großer Notwendigkeit, beinahe von gleicher Bedeutung wie für den Säugling.

Das Leben in freier Luft und in der Sonne, Bäder und Schwimmsport müssen so viel wie eben möglich getrieben werden, beinahe wie in einem Sanatorium. Ein flaches Gelände, wo große Wanderungen unbeschwerlich sind, am Meeresstrand oder im Walde gelegen, ist dem Hochgebirge vorzuziehen, wo die Gefahr besteht, daß die Wanderungen das Herz in diesem Stadium des Wachstums, in dem der Brustkorb ungenügend entwickelt ist, überanstrengen.

C. Programm und Methoden

Das Rahmenprogramm für die Studien kann in drei Abschnitte eingeteilt werden. Es muß:

1. Den Weg zu den Möglichkeiten eines persönlichen Ausdruckes des Jugendlichen öffnen, d.h. durch Übungen und durch äußere Mittel die Entwicklung seiner inneren Personalität erleichtern.
2. Auf das antworten, was wir als die schöpferischen Elemente des psychischen Seins beim Menschen allgemein betrachten.
3. Den Jugendlichen mit der augenblicklichen Kultur in Beziehung setzen, indem man ihm eine umfassende Bildung vermittelt, und ebenfalls mit dem Mittel der Erfahrung.

Zu 1. *Den Weg zu den Möglichkeiten eines persönlichen Ausdrukkes öffnen:*

Die Übungen zu diesem Zweck sind künstlerischer Natur in freier Wahl, sowohl was die Art der Übung betrifft als auch den Zeitpunkt ihrer Vollendung. Bestimmte Kinder werden eine individuelle Arbeit wählen, andere hingegen zur Kunst, zur Sprache und zur Vorstellungskraft. Sie umfassen die Musik, die dramatische Kunst, den Vortrag und bildnerische Arbeiten.

a) Die Musik: Ausführung von Werken, durch die die Kinder lernen, den Komponisten und seine Zeit zu erkennen, wie man es gewöhnlich mit den Werken der Literatur macht, Chorgesang, Studium der Instrumente für Soli und Orchester.

b) Die Sprache: Vortrag, Ausdrucksweise, dramatische Darbietungen und Gedichte. Die Kunst kultivieren, logisch zu sprechen, Ideen vorzutragen, zu begründen und zu diskutieren. Lesen mit lauter Stimme, das fähig ist, die Aufmerksamkeit der Zuhörer zu erhalten, freie Vorträge über persönliche Ideen.

c) Bildnerische Arbeiten: Zeichnen, Gestalten, Plastilin usw. mit verschiedenen Zielen: ornamentales Zeichnen, Malen nach der Natur, Schöpfungen der Einbildungskraft usw. Es handelt sich nicht darum, diese Arbeiten als ein echtes künstlerisches Studium zu betrachten; sie sind lediglich dazu bestimmt, den persönlichen künstlerischen Ausdruck der Empfindungen zu erleichtern, verbunden mit einer manuellen Tätigkeit, um die modernen Techniken zu erlernen.

Zu 2. *Auf das antworten, was wir als die schöpferischen Elemente des psychischen Seins beim Menschen allgemein betrachten:*

Das Kind hat das Bedürfnis, zur Geltung gebracht zu werden. Sein Instinkt läßt es alles schön finden, ermutigt es, alles zu bewundern. Wir müssen diese Neigung begünstigen. Seine Personalität bedarf der Beobachtung und Hilfe unter der Bedingung, daß die Hilfe sich auf den Bedarf beschränkt. Wenn wir eine religiöse Erziehung, die diesem Alter angemessen ist, geben wollen, muß sie sich in Kontakten vollziehen. Gott liebt sein Geschöpf, schaut es immerfort, läßt es niemals fallen. Und wenn wir eine religiöse Anschauung von der Natur vermitteln wollen, müssen wir immer von *dem* Individuum und von *dem* Tier in der Einzahl sprechen; damit alles wirklich klar und deutlich sei, könnte man abgehackt, getrennt, analysiert sprechen: *Das* Kind, *der* Vater, *die* Mutter, *die* Menschen, *die* Tiere. Während dieser Periode handelt es sich darum, den Aufbau der Personalität zu erleichtern. Versuchen wir ebenfalls dadurch zu erklären, daß wir alles verstofflichen und selbst die abstrakten Dinge handlich machen.

Die „Schöpferin“ Bildung, bestimmt zur eigentlichen Grundlegung der Personalität, teilt sich in drei Zweige: in die moralische Erziehung, die Mathematik und die Sprachen.

a) *Die moralische Erziehung* legt den Grundstein dieser geistigen Ausgeglichenheit, auf der alles übrige beruht und die mit dem körperlichen Gleichgewicht verglichen werden kann, ohne welches man sich unmöglich aufrecht halten, noch sich irgendeiner motorischen Tätigkeit hingeben kann.

b) *Die Mathematik:* Heute ist die menschliche Intelligenz keine natürliche mehr, sondern eine mathematische Intelligenz; und ohne mathematische Erziehung und Entwicklung kann man unmöglich den Fortschritt unserer Epoche begreifen noch daran teilnehmen. Ein Geist ohne mathematische Bildung ist heute dem Menschen zu vergleichen, der das Alphabet nicht kannte zu der Zeit, als alles aus der literarischen Bildung hervorging. Schon im Naturzustand ist der menschliche Geist ein mathematischer: Er tendiert zur Genauigkeit, zum Maß und zum Vergleich. Er ist fähig, in bestimmten Grenzen zahlreiche „Wirkungen" zu begreifen, die die Natur den Menschen darbietet, während sie ihm die Welt der „Ursachen" verbirgt.

Also muß die Schule aufgrund dieser vitalen Bedeutung der Mathematik „besondere Methoden" anwenden, um sie zu unterrichten, und muß deren Elemente klar und verständlich machen mit Hilfe der Konkretisierung.

c) *Die Sprachen:* Die Sprachentwicklung ist ein Teil der Personalität selbst. In der Tat sind Worte das natürliche Mittel, um Gedanken auszudrücken und folglich die Verständigung unter den Menschen herbeizuführen. Wenn früher eine einzige Sprache ausreichte, so ist es heute dringend notwendig, verschiedene Sprachen zu lehren. Das Latein, dessen Bedeutung entscheidend war, als die Hauptbildung eine literarische war, ist in unserer Zeit nicht mehr so wesentlich. In keinem Fall darf sein Unterricht „aufgezwungen" werden, da diese Sprache praktisch ohne Nutzen ist, außer wegen eines Berufszieles für die klassischen Studien. Trotzdem hat das Latein eine so große historische Bedeutung, daß allen, die es wünschen, seine Aneignung möglich gemacht werden muß. Es muß also als Wahlfach vorhanden sein. Die Lateinlehrer haben so die Möglichkeit, mitzureißen und sich durchzusetzen, indem sie Interesse gewinnen und die Sprache, mit der die Ursprünge unserer Kultur verknüpft sind, anziehend zu machen.

Zu 3. *Den Jugendlichen mit der augenblicklichen Kultur in Beziehung setzen, indem man ihm eine umfassende Bildung vermittelt, und ebenfalls mit dem Mittel der Erfahrung:*

a) Studium der Erde und der lebendigen Natur: d. h. die Geologie (mit Zeugnissen des prähistorischen Zeitalters), die Biologie, die Kosmographie, die Botanik, die Zoologie, die Physiologie, die Astronomie und die vergleichende Anatomie.

b) *Studien, die sich auf den menschlichen Fortschritt und auf den Aufbau der Zivilisation durch die Physik und Chemie usw. beziehen:* Diese Studien müssen ganz genau sein und praktischen Experimenten Raum lassen, um den Kindern immer die Möglichkeit zur eigenen Beobachtung und zum eigenen Experiment zu geben. Dank dieser Grundlage können sie sich die schwierigsten Stoffe aneignen, die man unmöglich in der Schule erläutern kann. Das praktische Wissen, das die Theorie veranschaulicht, macht sie viel anziehender und veranlaßt dazu, immer weiter zu forschen.

Die Schule muß also ihre „Gerätesammlung" besitzen: manipulierbare Maschinen, die den Kindern erlauben, sie auseinander- und wieder zusammenzubauen, sich ihrer zu bedienen und sie bei Gelegenheit zu reparieren. Die schiefe Ebene, das Getriebe, die Winde, das Rad und alle Elemente, die dazu helfen, eine größere Leistung mit geringer Kraft zu erzielen; und selbst die Linsen und Prismen für die Sammlung und Zerstreuung des Lichtes können ein „Material" für das Studium der wesentlichen Gesetze der Physik mit ihren Formeln und ihren mathematischen Berechnungen abgeben. Das gleiche gilt für die Statik: Ein einfaches Material kann ersonnen werden, das dazu hilft, die Gesetze zu verstehen, die das Gleichgewicht der Gebäude und Brücken regieren.

„Das Landkind" muß gewohnt sein, sich der Maschinen zu

bedienen, der Schreibmaschine, der Strick- und Webmaschine, der Rechenmaschine, der Druckmaschine und der fotografischen Einrichtungen; des Filmvorführgerätes, des Mikroskopes, des Grammophons, des Radios und elektrischer Maschinen. Es muß morsen und die Maschinen für das tägliche Leben handhaben können; nicht nur allein das Fahrrad, „um sich schneller fortzubewegen“, sondern auch die kleinen vertrauten Gebrauchsmaschinen, wie Gemüseputzer, Pürree-, Staub-, Wasch- und Bügelmaschinen usw. Sie sind ein vielgestaltiges Organ des modernen menschlichen Lebens.

Hier zwingt sich ein Gedanke auf: Die Zivilisation hat den Menschen im Mittel der Maschinen eine Macht gegeben, die seiner eigenen weit überlegen ist. Damit sich aber das Werk der Zivilisation entwickle, muß sich auch der Mensch entwikkeln. Das Übel, an dem unsere Zeit krankt, kommt aus dem gestörten Gleichgewicht, das aus dem unterschiedlichen Entwicklungsrhythmus des Menschen und der Maschine resultiert. Die Maschine hat sich beschleunigt entwickelt, während der Mensch im Rückstand verharrte. So lebt der Mensch in Abhängigkeit von der Maschine, obwohl er sie beherrschen müßte. Der Fortschritt muß nicht den Triumph des Materialismus bedeuten. Er muß im Gegenteil den Menschen „auf eine höhere Stufe heben“. Es ist erhebend, sein Ideal dareinzusetzen, immer höher zu steigen. Man muß die Jugendlichen unsere Aufgabe auf Erden lehren. Aber diese Macht, die den Menschen durch die Maschine gegeben ist, muß ihm auch neue Pflichten auferlegen, eine immer höher entwickelte Moral.

Der Mensch mit „supernatürlichen“ Kräften kann durch Gläser unendlich kleine oder sehr entfernte Dinge erkennen. Er kann mathematische Aufgaben lösen, die dem natürlichen Menschen vollkommen unerreichbar und selbst unbegreiflich sein würden. Heute kann er Stimmen hören, die aus beträchtlichen Entfernungen kommen. Er kann die Wellen messen, die diese Verbindungen möglich machen. Er reist mit immer größer werdenden Geschwindigkeiten, fliegt in der Luft und hält sich auf der Oberfläche der Meere. Die Maschine verleiht ihm also eine ungeheure Macht, eine Macht, beinahe ebenso phantastisch wie die der Helden und Feen der Märchenwelt; und der Fortschritt der sozialen Umgebung entspricht ihr. Wenn aber die Erziehung dem Menschen nicht hilft, an dieser Welt teilzunehmen, wird er „außerhalb der Gesellschaft" bleiben. Der Mensch dieser „Supernatur" ist der König der Erde, der sichtbaren und der unsichtbaren Dinge. Er durchdringt die Lebensgeheimnisse, indem er einer Fauna und Flora das Leben gibt, die diese Supernatur begründen, indem er mit Hilfe der Chemie die natürlichen Erzeugnisse der Erde sich weiterentwickeln läßt und die Stoffe wie mit Hilfe eines Zauberstabes ändert. Das ist ein Beweis der Größe der gesamten Menschheit; jeder Mensch kann dazu beitragen. Aber auch gerade deswegen wird der Mensch, der eine solche Macht innehat, gefährlich. Eine neue individuelle und soziale Moral muß in dieser neuen Welt zutage treten: eine Moral, die neue Richtlinien für das Gute und Böse bringt, für die schwere Verantwortung, die die Individuen der gesamten Menschheit gegenüber übernehmen, von dem Augenblick an, wo sie die Macht über ihre eigene Natur hinaus vergrößern. Die Maschine darf in der neuen Zivilisation lediglich die *Sklaven ersetzen.*

c) *Die Geschichte der Menschheit:* Ihre Kenntnis muß so umfassend wie möglich sein. Man muß einen Überblick vermitteln, aus dem man bestimmte Perioden für die individuellen Studien auswählen kann. Eine spezialisierte Bibliothek mit geographischen Atlanten, ein Geschichtsmuseum, d. h. Bilder und Reproduktionen historischer und prähistorischer Dokumente, würden ein wertvolles Material abgeben.

Der bedeutungsvollste Abschnitt der Geschichte für die Jugendlichen ist derjenige, der die Entdeckungen und Erfindungen behandelt. Es ist gut, die Geschichte durch Bilder des sozialen Lebens vor und nach den in Frage kommenden Entdekkungen zu illustrieren, um das Leben der Menschen in den verschiedenen Entwicklungsstufen der Zivilisation vergleichen zu lassen.

Ein anderer Aspekt der Geschichte, der insbesondere der folgenden Epoche zukommt, ist das Studium der menschlichen Entwicklung im Verhältnis zu geographischen Gegebenheiten, der Kontakt zwischen den verschiedenen Völkern, die Kreuzungen und die Angleichungen der verschiedenen Rassen und Kulturen, die Kriege und die Eroberung der Imperien; das Ganze soll von einem Blick auf die Empfindungen und Sitten, auf den Einfluß der Religion, auf das Vaterlandsgefühl und das Verhalten des Menschen begleitet sein.

Spezielle Themen: Neben diesen allgemeinen Überlegungen ist es interessant, sich einem detaillierten Studium einer Epoche, eines Ereignisses oder des Lebens irgendeiner Persönlichkeit, die bei den Schülern ein besonderes Interesse hervorgerufen hat, hinzugeben. Hier ist die Gelegenheit, Dokumente, Artikel und Beschreibungen zu sammeln, zu befragen und zu vergleichen bis zum vollkommenen Verständnis des Gegenstandes.

Auch soll man auf die augenblickliche Lage des eigenen Landes einen Blick werfen, auf seine Verfassung, seine Gesetze, seine Besonderheiten und seine moralischen Eigenschaften. Ein Bild, das reichlich durch Beispiele veranschaulicht werden und das Besuche an historisch bedeutungsvollen Orten enthalten muß.

Die Methoden

Die besten Methoden sind diejenigen, die beim Schüler ein Maximum an Interesse hervorrufen, die ihm die Möglichkeit geben, allein zu arbeiten, selbst seine Erfahrungen zu machen und die erlauben, die Studien mit dem praktischen Leben abzuwechseln.

Eine in großen Lettern geschriebene und weithin sichtbare Tafel, die klar die von den Richtlinien der höheren Schulen geforderten Bildungsinhalte angibt, stellt einen außerordentlichen Anreiz dar und bringt Direktiven, aber keine Verpflichtungen mit sich. Außerdem muß man denen, die zu arbeiten wünschen, die Möglichkeit lassen, das von den offiziellen Vorschriften geforderte Niveau zu erreichen oder sogar zu überschreiten. Diese Schule der „Landkinder", die sich auf die ganze Periode der Pubertät erstreckt, d.h. bis zu 18 Jahren, muß während der letzten zwei Jahre den Schülern helfen, zum Universitätsstudium reif zu werden oder die Examina zu machen, die zur Erlangung von Diplomen notwendig sind.

Praktische Erwägungen

Ein Plan, von dem man augenblicklich noch sehr weit entfernt ist, kann sich nur Schritt für Schritt verwirklichen. Es handelt sich wohlverstanden um eine Schule, die allen Kindern, die die Grundschule besucht haben, offensteht, und nicht nur denjenigen, die von einer besonderen Schule kommen; also um eine Schule für normale Kinder, wo aber die langsamen und zurückgebliebenen Kinder oder solche, die einfach an einem psychischen Gebrechen leiden, ebenfalls geistig schwache und furchtsame Kinder sicher sein sollen, eine wirksame Hilfe zu finden und eine tatsächliche Besserung zu erreichen.

Ein weitläufiger Raum mit Wäldern, dem Meere benachbart und gleichzeitig in der Nähe einer Stadt, bildet für die Einrichtung einer solchen Schule den geeigneten Ort. Die Lehrer müssen die Möglichkeit haben, selbst in der Schule zu wohnen, indem sie einen Teil der Arbeit übernehmen und am täglichen Leben des Hauses teilnehmen. Für das Hauspersonal muß eine strenge Disziplin herrschen, ebenso wie für die Schüler, um die Ordnung des inneren Lebens und die Gemeinsamkeit der Ziele zu sichern. Die Jugendlichen gewöhnen sich notwendigerweise an eine geordnete Umgebung.

Auch werden junge Lehrerinnen und Lehrer von auswärts

kommen, um zu unterrichten. Wohlverstanden, sie müssen qualifiziert sein, an einer höheren Schule zu unterrichten, aber das bedeutet nicht, daß sie die Freiheit haben, nach ihren eigenen Methoden zu unterrichten. Sie müssen sich im Gegenteil auf die Methoden des Hauses umstellen, damit ihre Mitarbeit wirksam sei. Diese Lehrer müssen jung sein, einen offenen Geist haben, bereit sein, aktiv am Leben der Schule teilzunehmen und ihren eigenen Anteil beizusteuern. Übrigens brauchen sie nicht sehr zahlreich zu sein: ein Minimum, das fähig ist, nach Maßgabe der Anforderungen, die sich aus der Methode der Anstalt ergeben, die Kenntnisse zu vermitteln.

Neben den Lehrern, die die üblichen Fächer unterrichten, muß man notwendigerweise noch technische Lehrer haben, wie z. B. einen Landwirtschafts- und Gartenbaulehrer, einen anderen, der den Unterricht für das Geschäftswesen und das Hotel erteilt, und einen Lehrer für das bildnerische Gestalten. Alle Mitglieder des Personals müssen besonders für die ihnen zufallenden praktischen Arbeiten qualifiziert sein, wie Küche, Schneiderei, Flickerei und Buchführung. Ebenso ist es vorteilhaft, einen klugen Arbeiter zu haben, der verschiedene Arbeiten ausführen und überall im praktischen Leben des Hauses helfen kann.

Genauso wie die Kinder in unseren Elementarschulen gelernt haben, ihre Sachen zusammenzulegen, zu nähen und aufzuräumen, müssen diese Schüler lernen, beschädigte Dinge zu reparieren, eine Maschine in Ordnung zu bringen oder ein Möbel aufzustellen, eine Fensterscheibe zu erneuern, ein Schloß zu reparieren usw. Sie müssen fähig sein, einen Weg anzulegen, eine Schelle anzubringen, Holz zu sägen und andere Arbeiten zu verrichten.

Man kann sich fragen, wie sie Geld verdienen könnten. Dieser Verdienst, der nicht sofort da sein kann, kann nur unter Mithilfe der Erwachsenen errungen werden. Tatsächlich obliegt es den Erwachsenen, mit dem Verdienen zu beginnen, indem sie ein Beispiel der Arbeit geben und die jungen Menschen nach und nach an der materiellen und wirtschaftlichen Organisation und an der Ausführung der Arbeit beteiligen. So kann z. B. ein moderner Bauernhof, der dort bereits besteht, oder ein Garten, wo man Blumen züchtet, die Schüler nach und nach anwerben. Es genügt ein Übereinkommen zwischen der Schule und den benachbarten Einrichtungen.

Ebenso kann der Laden von einem Kreis Erwachsener, von den Familien der Schüler gegründet werden. Ein Erwachsener muß die Verantwortung hierüber übernehmen; aber die Kinder bringen, indem sie darin mitarbeiten, wenn sie an der Reihe sind, eine Note ihrer jugendlichen Fröhlichkeit mit hinein, ebenso wie die erste Reife ihrer Arbeit und ihrer Erfindungsgabe.

So muß die Einrichtung unter Mithilfe der Eltern, Techniker und der Kinder selbst wachsen.

Es wird gut sein, an das Ende dieser Periode eine Vorbereitungszeit von etwa einem Monat zu setzen, auf die eine Art Examen folgt, das sich nicht auf die Studien erstreckt, sondern auf die Probleme des Gewissens. In der Tat vollzieht sich gewissermaßen zu diesem Zeitpunkt der Eintritt des Kindes in das Leben. Wir müssen es also darauf vorbereiten, gegen die schlechten Mächte anzukämpfen, denen es sich gegenübergestellt finden wird. Es muß die Versuchungen überwinden. Außerdem dürfen wir es nicht ohne Vorbereitung vor dem „Fürsten dieser Welt" erscheinen lassen: ein Abriß von dem, was es bisher getan hat, eine Gewissensprüfung als eine Art Zulassung, ins Leben einzutreten.

(3) *Universität*

(Aus: M. Montessori, Von der Kindheit zur Jugend, Freiburg [3]1979, S. 122–133)

Die Schulen sind für Kinder und Jugendliche eingerichtet. Eine einzige Schule ist für Erwachsene bestimmt: die Universität.

Nach 18 Jahren ist die „Vorbereitung des Organismus" beendet, und die Gesetze erkennen die körperliche Reife des Individuums durch die Heiratsgenehmigung an. Mit 21 Jahren betrachtet sich der Mensch als frei, er ist mündig.

Nun geht man aber im allgemeinen mit 18 Jahren zur Universität und ist dort noch mit 21 Jahren und selbst noch nach weiteren zwei oder drei Jahren. Also ist die Universität eine Schule für Erwachsene. Das ist die einzige Überlegung – übrigens rein physischer Art –, die die Universität in eine von den anderen Schulen unterschiedliche Lage einordnet.

Ihre Einrichtung ist dagegen in Wirklichkeit nicht anders, und die Universität ist nichts anderes als eine direkte Fortsetzung der anderen Schulen. Die Studenten fahren fort, Vorlesungen zu besuchen, Professoren zu hören und Examina zu machen, von denen der Erfolg ihrer Karriere abhängt. Der einzige Unterschied besteht darin, daß die Studenten nicht dazu angehalten werden, ihre Vorlesungen zu wiederholen, noch Hausaufgaben zu machen: d. h. als Menschen, die an eine erzwungene Arbeit gewöhnt sind, die immer kontrolliert wird, arbeiten sie weniger. Außerdem haben sie längere Ferien. Im übrigen hängen sie – wie in den vorausgehenden Zeiten – von ihren Familien ab, die – wenn man so sagen darf – vom finanziellen Standpunkt aus den Erfolg ihrer Studien überwachen, der nach dem Bestehen der Prüfungen und den Noten beurteilt wird.

In der Universität leben die Menschen wie Kinder, während sie doch schon Erwachsene sind. Es wäre an der Zeit, eigene Verantwortung zu übernehmen und sich auf seine Aufgabe zu besinnen, die darin besteht, eine Familie zu gründen. Anstatt dessen bekunden sie im allgemeinen, daß es ihnen an Gewissen fehlt. Sie machen sich vom Leben eine falsche Vorstellung. Man kann nicht hoffen, daß solche Menschen zur Besserung der Gesellschaft beitragen werden.

Im Mittelalter war das Leben der Studenten von Größe und Würde geprägt. Es gab Studienzentren, wie die berühmte Universität von Bologna, wo junge Menschen aus allen europäischen Ländern zusammenkamen. Jeder einzelne dieser Studenten fühlte seine geistige Verantwortung gegenüber seinem Herkunftslande, das es sich zur Ehre anrechnete, einige seiner Landsleute an der Universität zu haben. Und die Universität von Bologna stellte an den Mauern ihres großen Hörsaals prächtig die Wappen der vertretenen Städte und Staaten in Email oder in Gold auf. Die Studenten nahmen an philosophischen und politischen Diskussionen teil, die sie ihres eigenen Wertes und ihrer eigenen moralischen Verantwortung bewußt werden ließen. Die Feierlichkeit der Formalitäten und die hermelinbesetzten Roben der Professoren riefen die besondere Würde dieser Zentren dauernd in Erinnerung. An den alten Universitäten gab es lediglich das Doktorexamen. Die Studenten gaben sich ihren Studien hin, durch die Aneignung des höheren Wissens stark in Anspruch genommen. Ihre Zeit war knapp und kostbar. Die Universitätsfeste, die von einem künstlerischen Bemühen geprägt waren, stellten Ereignisse im öffentlichen Leben dar. Die Universitäten waren wirkliche „Bildungszentren“, von denen die Kultur mit universellen Zielen ausstrahlte. Und die Studenten – d.h. diejenigen, die wirklich studierten – wurden ihre Verbreiter.

Heute aber wird die Bildung und die Kultur durch andere Mittel verbreitet, die immer weiter reichen und leichter sind. Die Bildung breitet sich durch die Presse und die schnellen Verbindungen aus, die eine Art universeller Nivellierung herbeiführen.

Außerdem wurden die Universitäten nach und nach zu einfachen Fachschulen, in denen lediglich der Stand der Bildung höher ist als der anderer Schulen. Aber sie haben das Gefühl ihrer Würde und Größe verloren, das aus ihnen ein zentrales Mittel für den Fortschritt und die Kultur machte.

Die Studenten, deren Ziel es ist, einfach eine unbekannte persönliche Stellung zu erringen, können nicht mehr ein Bewußtsein von dieser Mission haben, die früher den „Geist der

Universität“ schuf. Allein der Wunsch, sowenig wie möglich zu arbeiten, und, koste es, was es wolle, die Prüfungen zu bestehen und das Diplom zu erringen, das dem persönlichen Interesse eines jeden einzelnen dient, ist die wesentliche Triebfeder geworden, die den Studenten gemeinsam ist; so sehr, daß dem Fortschritt der Kultur, die die Existenz umgeformt hat, der Verfall der Universitätseinrichtungen entsprach. Die eigentlichen Fortschrittszentren befinden sich in den Laboratorien der Forscher, die verschlossene Orte sind und mit der allgemeinen Bildung nichts zu schaffen haben.

Der allgemeine Verfall der Schulen, den wir heute feststellen, rührt nicht von einer Verminderung der Bildung her, die man den Studenten vermittelt, sondern von dem Fehlen der Übereinstimmung zwischen der Organisation dieser Schulen und den heutigen Bedürfnissen. Sie blieben unterhalb des Niveaus, das durch die Kultur äußerlich erreicht wurde. Die materiellen Grundlagen der Kultur haben sich in dem Maß gewandelt, daß sie den Beginn einer neuen Kultur ankündigen. In dieser kritischen Periode der Menschheitsgeschichte muß sich das menschliche Leben selbst von neuem anpassen. Und da liegt das Problem der Erziehung.

Die Erziehung besteht nicht darin, neue Methoden auszuarbeiten, angesichts einer trockenen Übertragung von Kenntnissen; sie muß sich vielmehr vornehmen, bei der Entwicklung des Menschen zu helfen. Folglich müssen wir das menschliche Leben, das Leben mit seinen Werten betrachten. Wenn die „Bildung des Menschen“ zur Grundlage der Erziehung wird, ist es notwendig, zwischen allen Stufen, von der Kindheit bis zur Reife, von der Kinderstube bis zur Universität eine Ordnung herzustellen, da ja der Mensch, wenn er auch voneinander abhängige Phasen durchläuft, nichtsdestoweniger ein und derselbe bleibt. Die vorausgehende Phase bereitet die folgende vor, bildet ihre Grundlagen und pflegt die Kräfte. Der Mangel einer Zuordnung zwischen den aufeinanderfolgenden Stufen der Schulen bildet schon ein Hindernis selbst in den Schulen, wie sie heute bestehen. Die Universitäten haben ihr eigenes Studienprogramm. Aber sie finden die Studenten nicht genügend vorbereitet, ihm zu folgen. Das gleiche gilt für die höhere Schule in bezug auf die Volksschule. Und jeder fühlt das Hindernis lasten, das vom Mangel einer Vorbereitung der Personalität herrührt.

Wenn außerdem die Erziehung nicht nur die Bildung, sondern auch die Entwicklung des Menschen erreichen will, dann wird eine strenge Koordinierung wesentlich und in allen Perioden des Lebens unerläßlich.

Während der Erfahrung mit Kindern der Volksschule haben wir festgestellt, daß es gut wäre, genau zwischen 6 und 12 Jahren die Grundlagen aller Wissenschaften zu legen. Psychologisch gesehen, gibt es eine sensible Periode, die man „sensible Periode der Bildung" nennen könnte, während welcher sich der abstrakte Aufbau des menschlichen Geistes vollzieht. Hier muß also alles gesät werden. Man kann diese Periode der menschlichen Seele mit einem Felde vergleichen, auf dem die Saat ausgestreut liegt, die auf die Zeit des Keimens wartet.

Das Ziel der Erziehung besteht darin, alle Mittel zu studieren, die möglich sind, um „diese Saat auszustreuen" in dem Alter, das ihr zukommt. Diese „Aussaat" darf nicht nur die Volksschule interessieren, sondern auch die Universität, in demselben Maße wie der Flachsanbau den Tuchfabrikanten interessieren muß. Denn wenn der Rohstoff zu fehlen beginnt, wird es unnütz, gute Verarbeitungsmaschinen zu haben.

Genauso geht es im psychischen Leben. In einem bestimmten Alter wurzelt eine innere Aktivität die ersten intellektuellen Regungen ein, indem sie Reaktionen von Begeisterung hervorruft und Fähigkeiten weckt, die ohne jene Aktivität unerweckt blieben. Anschließend folgt die ganze Epoche der Jugend, die diese Zentren des Interesses entwickelt. Wenn aber die Wissenskeime nicht zur rechten Zeit gesät wurden, dann bleibt lediglich die Trägheit, die sich der Anstrengung widersetzt, und das ganze Studium ist unfruchtbar. Man könnte sagen, daß mit dem Begehen dieser Sünde gegen die Lebensgesetze die Arbeit eine dürre Anstrengung wurde, eine Art Verdammung, wie diejenige, die die Bibel für Adam beschreibt. Es ist natürlich nicht die *Arbeit,* sondern die Arbeit außerhalb der Gesetze, die sich durch den göttlichen Fluch verurteilt sieht. Deswegen folgt der Student dem trockenen und aufgezwungenen Lauf der Studien ohne Lebendigkeit. Es bedürfte einer äußersten Ermutigung, eines Lichtstrahls, um die Herzen anzurufen, die in der Trägheit und dem Irrtum befangen sind, und um das entkräftete Leben wieder neu zu beleben. Das kann aber keine trockene Schule machen, die die Personalität des Studenten unterschätzt und die fortfährt, seine Entmutigung und Trägheit zu vergrößern.

So haben also die verschiedenen Stufen des Unterrichtswesens selbst für die Aneignung der Bildung ein gemeinsames Interesse. Oder besser gesagt, haben die Hochschulen in bezug auf die Volksschulen ein Interesse der Kontrolle, da sich ja in den letzteren die menschlichen Kräfte vorbereiten.

Die Universitätsprofessoren, sowohl die der Geistes- als auch die der Naturwissenschaften, werden glühende Apostel, intelligente Kritiker und echte Mitarbeiter in ihren Schülern vor sich haben, wenn jene sich normal entwickelt haben; wenn nicht, dann haben sie lediglich widerwillige, indifferente und träge Geister und respektlose junge Leute vor sich, die sie wie junge Ziegen an der Leine führen müssen.

Die Zusammenarbeit ist aber noch notwendiger, wenn es sich um die menschliche Personalität in ihrer Totalität handelt, denn das menschliche Leben hat Durst nur nach Bildung. Die Bildung enthält etwas Empfängliches, während das Leben aktiv und expansiv ist und danach strebt, nach außen hin etwas zu schaffen. Das heißt, nur studieren ist nicht leben, und leben ist genau das, was am notwendigsten ist, um studieren zu können.

Ebenfalls haben wir festgestellt, daß das Studium, selbst wenn es erweitert und verarbeitet ist, die menschliche Personalität nicht zufriedenstellt. Es bleiben noch andere Bedürfnisse, die, wenn sie nicht befriedigt werden, zu inneren Konflikten führen und den Geisteszustand beeinflussen, indem sie seine Klarheit verwirren. Die Freude, das Selbstwertgefühl, sich von anderen anerkannt und geliebt zu wissen, sich nützlich und fähig zu fühlen, produktiv zu sein, das sind Faktoren von ungeheurer Bedeutung für die menschliche Seele. Gerade aus diesen Faktoren, und nicht allein aus der Bildung, muß die neue Universität ihre neue Würde ziehen. Die moralische und philosophische Erwägung des Lebens und das menschliche Ziel bildeten einst die Grundlagen der Universität. Die Bildung war das hervorragende „Mittel", die Menschheit auf ein höheres Niveau zu heben. Heute kann man weder durch die Philosophie noch durch eine Diskussion über metaphysische Begriffe die Moral des Menschen entwickeln, sondern durch die Aktivität, die Erfahrung und durch das Tun.

Es ist interessant, festzustellen, wie stark alles praktische Tun das Kind interessiert in der Periode, die der Reifezeit vorausgeht. Es ist die manuelle Tätigkeit mit einem praktischen Ziel, die dazu hilft, eine innere Ordnung zu gewinnen. Wenn die Hand sich bei einer spontan gewählten Arbeit vervollkommnet und den Willen zum Erfolg und zur Überwindung eines Hindernisses entstehen läßt, so steigt etwas anderes ins Bewußtseins als ein einfacher Erwerb: Es ist das Bewußtsein des eigenen Wertes. Seit dem zartesten Alter findet der Mensch seine größte Befriedigung darin, sich unabhängig zu fühlen. Das Bewußtsein, sich selbst genügen zu können, enthüllt sich wie eine Offenbarung. Ohne Zweifel liegt hierin ein grundlegendes Element des sozialen Lebens.

Es ist offenbar, daß das Bedürfnis, anderen zu helfen, oder ihre Mitarbeit zu suchen, nicht entstehen kann, wenn man völlig von ihnen abhängt und wenn man von seiner eigenen Unfähigkeit überzeugt ist. Schließlich bilden das Selbstwertgefühl und die Möglichkeit, an einer sozialen Organisation teilzunehmen, lebendige Kräfte. Und das gewinnt man nicht, indem man nur Lektionen auswendig lernt oder Probleme löst, die nichts mit dem praktischen Leben zu tun haben.

Das Leben muß zum zentralen Punkt werden und die Bildung ein Mittel. Nichts beweist die Notwendigkeit der Bildung mehr, als zu probieren, wie sehr sie notwendig ist, um intelligent und bewußt zu leben. Die wesentliche Hilfe, die sie bringt, zu verstehen und ihre Notwendigkeit zu fühlen, um erfolgreich zu werden, und folglich sie als die Quelle der geistigen Freuden zu betrachten, das treibt zu immer weiterem Studium an.

Die Beziehung, die zwischen dem Leben und der Bildung besteht, ist wirklich der Beweis dafür, daß die Kinder dazu fähig sind, viel mehr zu lernen, als die heutige Schule willens ist, ihnen mit ihren Programmen zu bieten. Und gerade während der Kindheit muß man das erste Interesse wecken und die Saat aller Wissenschaften ausstreuen.

Der Mensch wächst wie eine große Ganzheit. Und wenn die Entwicklung eines seiner wesentlichen Teile falsch verläuft, bilden sich Komplexe, die sogar den Geist verwirren können.

Derjenige, der sich seines eigenen Wertes bewußt ist, neigt zur Vereinigung; er stellt eine Kraft dar. Wir haben gesehen, wie sich eine Gruppe unter Kindern spontan, ganz allein bildete, um nachzudenken und zu verstehen. Es scheint, daß das wahre Verständnis mit der Diskussion, der Kritik und der Zustimmung der anderen einhergeht. Die Freude, etwas zu wissen, muß sofort den anderen mitgeteilt werden. In diesem Austausch entwickelt sich die Begeisterung.

Das Studieren und Nachdenken rufen nach der Gruppe, ganz so wie die manuelle Tätigkeit. Wer sich einer für ihn zu schwierigen Arbeit hingibt, der hat das Bedürfnis, sich mit anderen Individuen zu verbinden, aber selbst zum Verstehen ist die Hilfe der anderen notwendig. Die spontane Zusammenarbeit ist eine wirklich enthüllende Manifestierung.

Die Gruppe bringt neue Kräfte hervor. Sie regt die Energien an. Die menschliche Natur bedarf der Gesellschaft, sowohl für das Denken als auch für das Handeln.

Alle diese Feststellungen lassen die Unmöglichkeit deutlich hervortreten, die Erziehung auf die Grenzen eines Raumes zu beschränken, wo der, der arbeitet, träge ist, dauernd unter der Aufsicht des Lehrenden steht und von der übrigen menschlichen Gesellschaft getrennt ist; und das stimmt selbst für die kleinen Kinder.

Die erste Erziehungsreform muß darin bestehen, den Kindern einen viel weiteren Raum anzubieten, stärker variierte Tätigkeiten und die Möglichkeit, in Gruppen zu arbeiten.

Eine Periode des Keimens für den Aufbau der Gesellschaft liegt genau in der Reifezeit. Die Gesellschaft bildet sich aber durch das Mittel verschiedener Aktivitäten und nicht nur durch rein geistige Tätigkeiten. Darüber hinaus hat sie das Bedürfnis, daß das Individuum, das seine sozialen Erfahrungen sammelt, ein wachsendes Gefühl seines Selbstbewußtseins gewinnt.

Ein träges Kind, das niemals mit seinen Händen gearbeitet hat, das niemals empfunden hat, daß „leben" sozial leben bedeutet, und daß es, um denken und schaffen zu können, vorher die Harmonie seiner Seele herstellen muß, dieses Kind wird ein egoistischer, pessimistischer und melancholischer Jugendlicher sein, der in den oberflächlichen Werten der Eitelkeit die Kompensation eines verlorenen Paradieses sucht. Und so tritt der junge Mensch an die Tore der Universität. Um was zu erbitten?... Um einen Beruf zu erbitten, der ihm erlaubt, sein materielles Leben zu sichern in einer für ihm fremden und indifferenten Gesellschaft, um an einer Kultur teilzunehmen, die er nicht kennt. Man darf den Menschen nicht erst betrachten, wenn er schon erwachsen ist. Man muß ihn vorher betrachten. Wenn man sich eines Tages vor einem Erwachsenen befinden will, muß man vorher das Kind gesucht haben. Die verschiedenen Phasen von seinem Leben abzulösen, ist absurd. Der Erwachsene ist das Ergebnis des Kindes. Und die Gründe für das Gute und das Böse, das man beim Erwachsenen findet, kann man in der kurzen Periode des Wachsens des Kindes enthüllen.

Die Unterscheidung, die wir zwischen den Interessen des Kindes und denen des Erwachsenen machen, sowohl in der Erziehung als auch in den sozialen Fragen, läßt mich an einen Kampf zwischen zwei Ländern denken, die während des Mittelalters kostbare Reliquien zu besitzen beanspruchten: Das eine besaß die drei Schädel der drei Könige als Kinder, das andere die drei Schädel der drei Könige als Erwachsene.

Dieses verhängnisvolle Kriterium, diese Art psychischer Schranke, die deutlich die beiden Interessen voneinander scheiden, ist die Grundlage so großer Irrtümer und bildet eine Gefahr für die zivilisierte Menschheit. Warum erwägt man nicht vor den Gefahren, die das Wohl der Völker bedrohen, die höchste Verteidigung, die darin besteht, die Menschheit durch alle nur möglichen Mittel zu pflegen, zu stärken und wiederaufzurichten, wenn sie sich noch in der Periode des Aufbaus befindet?

Heute fehlt in dieser geheimnisvollen Kultur die geistige Kraft des Menschen, die Lauterkeit der Gewissen: Und vor allem fehlt der Sinn für das menschliche Leben, das das Universum besiegt.

Wenn der Mensch zur Universität kommt, hat er die Kindheit und seine Jugend hinter sich gelassen. Er ist ein geformter Mensch, und ein großer Teil seines sozialen Schicksals und seines Studienerfolges hängt von der Art ab, in der er geform wurde.

Das, was uns wichtig erscheint, ist das „Ziel des Menschen". Und dieses Ziel kann sich nicht darauf beschränken, Wissen zu speichern, um einen Beruf auszuüben. Die Studenten sind Erwachsene, die auf die Kultur ihrer Epoche einen Einfluß auszuüben haben. Von der Universität kommen die Erzieher und folglich die Führer der neuen Menschheit. Außerdem kommen von den Universitäten die zukünftigen Führer der Massen und die Verteidiger der Kultur. Wenn sie ihre Prüfungen gemacht haben und wenn sie sich so vor den Toren der Welt finden, dann brauchen sie eine ernste moralische Vorbereitung. Einmal Erwachsene geworden, werden sie nicht einfach in der Schule bleiben, um etwas mehr zu wissen als die anderen. Zwar stellt die Bildung einen großen Teil ihrer Vorbereitung dar, aber diese Menschen werden dank dieses Mittels dazu imstande sein, alles zu finden. Durch die Bildung dringt das soziale Milieu ein. Es ist also bedeutungsvoll, sie zu intensivieren und sie in das Bewußtsein eindringen zu lassen. Die Bildung ist eine Verteidigungswaffe für die Menschheit und für die Kultur.

Genauso wie die Religion, die allen zugänglich ist, bei den Missionaren und Priestern aber eine stärkere Intensität annimmt und sie für das Wohl der Menschheit handeln läßt, so nimmt auch die Bildung, die überall verflacht und bei den zivilisierten Völkern nivelliert ist, bei einigen Auserwählten, die sich zu deren Aposteln machen, um die Kultur aufrechtzuerhalten, eine tiefere Form an.

Die Vorbereitung an der Universität muß also umfassender und aktiver sein. Wenn sich schon die Erziehung von Kindern nicht innerhalb von vier Wänden vollziehen kann, so kann eine solche noch weniger Erwachsene befriedigen. Für einen Jugendlichen ist es notwendig, sich unabhängig zu fühlen. Der Erwachsene muß seine Unabhängigkeit schon verwirklicht haben. Die sozialen Erfahrungen müssen fortgesetzt werden.

Ein Mensch, der niemals gearbeitet hätte, der niemals danach getrachtet hätte, seinen Lebensunterhalt zu verdienen, und der sich niemals Verschiedenaltrigen und anderen sozialen Klassen genähert hätte, würde schwerlich würdig sein, eine Führerstellung zu übernehmen. Dieser „Wert der Personalität" muß aktiv durch konkrete Erfahrungen gepflegt werden. Weder durch Philosophieren noch durch Meditieren wird sich das Gewissen des modernen Menschen bilden.

Das eigentlich Charakteristische der Universität besteht darin, das Studieren zu lehren. Das Diplom ist lediglich der Beweis dafür, daß man zu studieren, sich die Bildung allein anzueignen weiß, und daß man gut auf den Weg des wissenschaftlichen Forschens gewiesen ist. Das ist ein guter Beweis dafür, daß die wesentliche Aufgabe der Universität nicht in der Wissensvermittlung liegt. Wenn man gelernt hat zu lernen, dann ist es, um zu lernen. Ein Mensch mit einem Diplom ist also ein Mensch, der auf dem Ozean der Bildung besser zu steuern weiß. Er hat eine Orientierung mitbekommen. Er ist ein Arbeiter, der einen Kompaß hat, um mit den Gestirnen, die den Weg beleuchten, in Verbindung zu treten. Das also ist ein Mensch mit einem Diplom.

Wenn das Diplom nur ein Zeugnis der Befähigung zum Lernen ist, warum müssen dann die Universitätsstudien drei oder sechs Jahre dauern? Ein Universitätsstudent weiß sehr wohl, daß er eigentlich sein ganzes Leben lang studieren oder voll und ganz aufgeben muß. Warum muß er dann während dieser Jahre schikaniert werden, um sich eine Bildung anzueignen, die niemals zu Ende gehen wird? Es muß eine andere Hilfe geben, um die jungen Menschen zu bilden, um ihnen zu erlauben, sich der Kultur und den Bedürfnissen der heutigen Welt anzupassen.

Es würde für einen echten Studenten von großem Nutzen sein, während der Universitätsstudien seine wirtschaftliche Unabhängigkeit zu gewinnen. Viele junge Männer sind bereits Lehrer an privaten höheren Schulen[36], Journalisten, Künstler, Assistenten, Kaufleute usw. Viele werden schon in den Laboratorien oder in der Diplomatie beschäftigt. Diese Arbeiter haben die größten Chancen, ihre Studien aus wahrer Liebe und im Hinblick auf den menschlichen Fortschritt zu machen und nicht wegen eines unmittelbaren Zieles. Wenn sie einige Jahre mehr darauf verwenden, so hat das wenig Bedeutung, da ja ihre Studien niemals beendet werden können.

Genauso ist es mit demjenigen, die Universitätsprofessoren werden möchten. Sie studieren, gehen aber nicht in eine Schule. Sie verdienen unterdessen einen bescheidenen Lebensunterhalt, gerade um studieren und immer höhere Ziele erreichen zu können. Ein Student soll nicht wie ein Kind, das die Verweise seines Vaters fürchtet, der ihm seinen Unterhalt gibt, durch ein Examen beunruhigt werden. Er braucht keine Ausflüchte zu su-

---

[36] In Frankreich sehr verbreitet (Anmerkung des Übersetzers).

chen, um eine gute Note zu erhalten. Der Mensch muß vor allem seine eigene Unabhängigkeit und sein moralisches Gleichgewicht zu finden wissen. Und man müßte alle Erleichterungen geben, um eine Arbeitsweise zu schaffen, die es den Studenten erlaubt, ihre wirtschaftliche Unabhängigkeit zu beginnen, damit sie voll und ganz zum Studium frei und fähig seien, ihre wahre Stellung nach ihrem Eigenwert zu finden.

Man könnte das menschliche Leben mit den drei Etappen des Lebens Christi vergleichen: Zunächst das Kind, erhaben und voller Geheimnisse; es ist die Stufe der „schöpferischen Sensibilität", des geistigen Aufbaues, die so stark an Aktivität ist, daß man in ihr alle Samen der Bildung ausstreuen muß.

Anschließend die Stufe der Jugend: Es ist eine Epoche der inneren Offenbarungen und der sozialen Sensibilität. Es ist die Zeit, wo Christus als Jugendlicher kam, um mit den Gelehrten zu diskutieren, und wo er seine eigene Familie vergaß. Er spricht nicht wie ein Schüler, sondern verblüffend wie ein Meister. Und dann widmet er sich manuellen Tätigkeiten und übt einen Beruf aus.

Schließlich kommt der Mann, der sich auf seine Mission in der Zeit vorbereitet. Und was tut er, um sich vorzubereiten? Er stellt sich dem Teufel und besiegt ihn. Das ist die Vorbereitung. Der Mann hat die Macht, die Gefahren und Versuchungen der Welt zu kennen und ihnen zu trotzen, um sie zu bekämpfen und zu besiegen. Die Versuchungen, die zu überwinden sind, sind buchstäblich die des Evangeliums: die Versuchung des Besitztums und die Versuchung der Macht. Im Menschen gibt es etwas, das über aller Versuchung steht. Er kann das einzige Mittel verstehen, um eine gereinigte, mächtige und reiche Welt zu schaffen: nämlich verstehen, in sich die Versuchungen des Besitzes und der Macht zu überwinden.

Das ist der Weg seines Reiches. Um ihn aber durch die Erziehung zu finden, muß man sich dem Kinde zuwenden und es unter einem anderen Aspekt betrachten.

IV. Mario Montessori jun.: Über Maria Montessoris Konzept einer „Kosmischen Erziehung“

EINLEITUNG DER HERAUSGEBER

Es ist von besonderem Reiz, in dem Beitrag von Mario Montessori jun. das Konzept von Maria Montessoris kosmischer Erziehung aus der Sicht von jemandem dargestellt zu finden, der es aus unmittelbarer Erfahrung kennengelernt hat.

Der 1921 geborene Mario Montessori jun., ein Enkel Maria Montessoris, hat in dem für die kosmische Erziehung besonders offenen Lebensalter in der Nähe seiner Großmutter gelebt. Es waren zugleich jene Jahre, in denen Maria Montessori allmählich Klarheit über dieses Programm gewann.

In seiner Darstellung berichtet Herr Mario Montessori über die Gabe seiner Großmutter, „panoramaartige Überblicke über die Entwicklung des Menschen ... zu entwerfen“ und ihre Zuhörer damit „auf eine höhere Ebene des Denkens und zu einer neuen Sicht der Realität“ zu führen (S. 171). Er bekennt sich aber auch zu der kosmischen Aufgabe des Menschen, die seine Großmutter darin sah, „das Werk der Schöpfung fortzusetzen“ (S. 181), nicht in egoistischer Ausbeutung, sondern im „Dienst“ (ebd.) an dieser Schöpfung.

(1) *Mario Montessori jun.: Kosmische Erziehung*

(Aus: Mario M. Montessori, Erziehung zum Menschen, München 1977, S. 131–143)

Eine der faszinierendsten Besonderheiten von Maria Montessori war ihre Fähigkeit, das heutige Leben mit dem Leben in weit zurückliegender Vergangenheit in Zusammenhang zu bringen. Ein einfacher Anlaß konnte sie bewegen, einen panoramaartigen Überblick über die Entwicklung des Menschen bis zur Gegenwart zu entwerfen, wobei sie das Vorstellungsvermögen ihrer Zuhörer unwiderstehlich stimulierte.

Ich erinnere mich, daß sie einmal Kartoffeln schälte und diese dabei tiefgründig anblickte, als ob sie ihr etwas wichtiges zu erkennen geben könnten. Sie fuhr in ihrer Beschäftigung fort und überlegte dabei laut, wie der Mensch wohl ursprünglich den Wert der Kartoffelpflanze entdeckt haben mochte, die äußerlich doch nur ein Kraut mit unbedeutenden kleinen Blüten und ekligen Früchten ist. Was bewog ihn wohl zu weiterer Prüfung? Aufgrund welcher List des Zufalls entdeckte er, daß ihre Brauchbarkeit für seine eigenen Zwecke nicht in dem Teil der Pflanze lag, der über der Erdoberfläche in Erscheinung trat, sondern in der unter der Erde verborgenen Wurzel? Wie mochte er gelernt haben, daß dieser Teil nicht giftig, sondern eßbar war? Kartoffelpflanzen kamen allem Anschein nach aus der Neuen Welt. Wie mochten sie überall in Westeuropa eingeführt, übernommen und angebaut worden sein?

Die Art und Weise, wie sie über solche Dinge wie Kartoffeln sprechen konnte, führte einen sofort auf eine höhere Ebene des Denkens und zu einer neuen Sicht der Realität, während man zugleich doch dem menschlichen Leben verhaftet blieb. Es war eine einzigartige Erfahrung. Sie stand mit einer besonderen Eigenschaft, ihrer Persönlichkeit und einer für ihren Erfolg grundlegenden Tiefe ihrer Einsicht in Zusammenhang.

Obwohl sie selbst diese Verbindung nicht bewußt hergestellt

hat, glaube ich doch, daß ihre Entwicklung der kosmischen Erziehung aus dieser ungewöhnlichen Fähigkeit erwuchs, Gegenwart und Vergangenheit durch imaginatives Denken zu verknüpfen. Wie sie selbst darlegte,

(ist) die imaginative Sicht von der bloßen Wahrnehmung eines Gegenstandes gänzlich verschieden, denn sie hat keine Grenzen. Die Imagination kann nicht nur unendliche Räume durchmessen, sondern auch unendliche Zeitspannen; wir können die Epochen nach rückwärts verfolgen und eine Vision der Erde haben, wie sie damals war, mitsamt den Geschöpfen, die sie damals bewohnten. Um zu erfahren, ob ein Kind etwas verstanden hat oder nicht, sollten wir zu ermitteln versuchen, ob es sich eine geistige Vorstellung davon bilden kann, ob es über die Ebene des bloßen Verstehens hinausgegangen ist ... Das Geheimnis eines guten Unterrichts ist es, die Intelligenz des Kindes als fruchtbares Feld anzusehen, auf dem Saat ausgestreut werden kann, um in der Wärme der feurigen Imagination zu keimen. Deshalb ist es nicht nur unser Ziel, das Kind etwas verstehen zu lassen und, weniger noch, es zu zwingen, etwas im Gedächtnis zu behalten, sondern seine Imagination so zu berühren, daß sein innerster Kern begeistert wird[37].

Im allgemeinen scheinen wir von unseren imaginativen Kräften in irdischen Dingen wenig Gebrauch zu machen. Wir sind in einen kontinuierlichen Zyklus von Chaos verstrickt, das sich schließlich zu Ordnung entwickelt, um erneut in Chaos zurückzufallen. In letzter Zeit scheint der Impetus dieses Zyklus zugenommen zu haben. Als Folge davon werden viele geistigen Werte des Menschen vorzeitig zerstört. Veränderungen treten so gewalttätig ein und haben ein derart großes Zerstörungspotential, daß es fraglich ist, ob wir in uns selbst die Weisheit finden, die Situation so umzugestalten, daß wir uns in Richtung einer konstruktiveren Zukunft bewegen.

Am meisten beeindruckt mich bei einem Überblick über die soziale Situation, daß wir ziellos vom einen Extrem ins andere fallen. Unsere Einstellung zur Umweltverschmutzung ist ein

---

[37] Maria Montessori: To educate the human potential. Adyar-Madras Kalakshetra, 1948, S. 14–15. (Vgl. Menschliche Potentialität und Erziehung, oben S. 46f., d. Hrsg.)

gutes Beispiel. Jahrzehntelang hatten die Leute über die Gefahren der Umweltverschmutzung gesprochen. Niemand hörte darauf. Plötzlich wurde die Botschaft zur Kenntnis genommen; jedermann wurde sich der Gifte in der Luft und der Bedrohung der freien Natur bewußt. Es mußte etwas geschehen, und zwar schnell! Jeder erhob Anspruch auf eine unmittelbare Lösung des Problems. Natürlich war das nicht möglich. Einige kurzfristige Maßnahmen wurden ergriffen, um dem Aufruhr ein Ende zu setzen. Sie hatten andere, ebenso destruktive Konsequenzen wie die anfängliche Verschmutzung.

Beim Überblick über die Geschichte hat es nicht den Anschein, daß politische Systeme – für sich genommen – eine Antwort auf menschliche Probleme sind. Eher scheinen die Lösungen von bestimmten Menschen abzuhängen, die zufällig in verantwortlichen Stellungen sind, von ihren Persönlichkeiten und ihren Zukunftsvisionen oder dem Mangel daran. Andere, manchmal schweigend und manchmal aufrührerisch, folgen lediglich ihrer Führung. Die individuelle Persönlichkeit muß die Unabhängigkeit und Reife entwickeln, die erforderlich ist, um die augenblickliche Situation mit aller Deutlichkeit ins Auge zu fassen und sich die Zukunft zu vergegenwärtigen. Dann wird es möglich sein, die Richtung zu prüfen, in die wir gehen, und Perspektiven zu entwerfen, nach denen man die Dinge so beeinflussen kann, daß wir mit unserer Anpassungsfähigkeit, unserer Intelligenz und unserer Kreativität einen konstruktiven Weg finden, mit dieser unserer Welt umzugehen – einer Welt, die an sich ein wunderbarer Raum ist, um darin zu leben, und wohl noch weitaus angenehmer sein könnte, als sie es im Augenblick nun einmal ist. Diese Art von Unabhängigkeit und Reife scheint jedoch selten zu sein.

Ich glaube, daß die Montessori-Erziehung zur Entwicklung dieser Eigenschaften beiträgt und in diesem Sinne eine realistischere Grundlage für Zukunftshoffnungen bietet. Das wird ohne weiteres offensichtlich, wenn man Montessoris Konzept der kosmischen Erziehung prüft. Es gibt drei verschiedene

Aspekte dieser Konzeption, die in diesem Zusammenhang ins Auge gefaßt werden müssen. Deren erster ist die zugrunde liegende Auffassung vom Menschen und von menschlicher Entwicklung, namentlich im Alter zwischen sechs und vierzehn Jahren. Der zweite betrifft die Rolle der Erziehung und die Frage des angemessenen Weges, um den Kindern dieser besonderen Altersgruppe zu helfen, sich so zu entwickeln, wie sie sollten. Der dritte Aspekt ist der der praktischen Techniken, die in der Schule angewandt werden sollten, der didaktische Aspekt. Da ich kein Lehrer bin, möchte ich meine Anmerkungen dazu auf die beiden ersten beschränken.

Kürzlich sah ich zufällig eine dokumentarische Fernsehsendung über den Lebenszyklus des Lachses. Es war ein Bericht über eines der Experimente von Kapitän Jacques-Yves Cousteau mit seinem ozeanographischen Forschungsschiff *Calypso.* Ort des Filmes war ein See in Alaska, in dem früher Lachse in großer Zahl vorgekommen waren. Dann waren jedoch rund um den See Lachsfabriken errichtet worden, und schließlich war der Lachs ausgerottet. Dann war der See als Industriestandort aufgegeben worden. Cousteau hatte nun befruchtete Lachseier in dieser Umwelt ausgesetzt, die sich ursprünglich als derart furchtbar für die Entwicklung dieser Tierart erwiesen hatte.

Die Eier, die an einer ganz anderen Stelle befruchtet worden waren, wurden in Containern zum See gebracht und dort ausgesetzt. Als Folge davon setzte ein neuer Lebenszyklus des Lachses ein. Die jungen Lachse wanderten schließlich ins offene Meer, wo sie vier oder fünf Jahre blieben, bis sie wieder zu eben dem See zurückkehrten, wo sie aus dem Ei geschlüpft waren.

Wenn man innehält und darüber nachdenkt, ist es sehr merkwürdig, daß diese Fische von einem inneren Drang getrieben wurden, eine ergiebige und ruhige Süßwasserumwelt aufzugeben, einen reißenden Fluß hinab ins Meer zu schwimmen, sich an eine Salzwasser-Umwelt anzupassen, über Jahre darin zu verweilen und schließlich – wie von einem geheimen Plan gelenkt – an den Ort zurückzukehren, an dem sie geboren worden waren. Um zurückzukehren, hatten sie sich einer erneuten physiologischen Anpassung zu unterziehen, diesmal von Salzwasser zu Süßwasser. Dazu mußten sie sich einige Zeit in dem Bereich aufhalten, wo der Fluß ins Meer mündete, bevor die Wiederanpassung vollständig gelungen war. Dann begannen sie die anstrengende Reise stromaufwärts. Viele Fische starben dabei, indem sie an den Felsen zerschellten oder sich zu weit aus dem Flußbett schnellten. Alle möglichen Tierarten lebten an den Flußufern, die sich von Fischen nährten. So wurde die Umwelt von verfaulenden Fischleibern gesäubert. Die Mehrheit der Lachse überlebte jedoch. An einer bestimmten Stelle begann die Paarung; die Männchen suchten sich Weibchen und vertrieben andere Männchen. Die so gebildeten Paare setzten ihre Reise stromauf gemeinsam fort bis zum See, wo die befruchteten Eier abgelegt wurden. Bald danach starben die Eltern-Fische, und ihre Körper zerfielen sehr schnell. Der See wurde zu einem regelrechten Lachs-Friedhof, und die zerfallenden Körper lieferten Plankton für die nächste Generation von Lachsen. Wenn diese nächste Generation herangewachsen ist, wird auch sie meerwärts schwimmen, und der Lebenszyklus des Lachses wird sich fortsetzen.

Was läßt sich aus dieser fesselnden Geschichte lernen? Zunächst einmal eine ökologische Lektion: die Wechselbeziehung zwischen verschiedenen Aspekten der natürlichen Umwelt. Zweitens zeigt sie die sehr enge Beziehung zwischen Lebewesen und ihrer Umwelt: ihre Anpassung an deren rigidere Formen und ihr Beitrag zur Aufrechterhaltung der Bedingungen, die für die Existenz ihre Spezies erforderlich sind. Letzteres ist das, was Maria Montessori die kosmische Aufgabe nannte.

Ihre tiefgründige Erklärung dieser Aufgabe als Finalität, die von der Schöpfung zur Aufrechterhaltung der kosmischen Ordnung in der Natur intendiert ist, gehört in den Rahmen ihrer persönlichen Philosophie und muß nicht von allen akzeptiert werden. Aber die Phänomene, auf die sie anspielt, indem sie sie erklärt, sind beobachtbar und gehören zur natürlichen Ordnung der Dinge. Heute nennt man das das natürliche Gleichgewicht. Die Wissenschaftler haben lange die Augen davor verschlossen und die wenigen, die darauf hinwiesen, für Exzentriker gehalten.

Ein Letztes, was wir aus dem Bericht von Cousteau über die Lachse lernen können, ist die Differenz in bezug auf Instinkte bei Tieren und Menschen und deren besondere Stellung im Kosmos. Ich möchte diese zur kosmischen oder natürlichen Ordnung gehörigen verschiedenen Aspekte im Gegensatz zur sozialen Ordnung erhellen.

Dabei will ich nicht auf die allgemeine Interrelation aller Komponenten der natürlichen Umwelt eingehen, weil uns das zu weitab führen würde. Wir wissen jedoch, daß die ursprünglichen Bewegungen der Oberfläche unseres Planeten Falten und Senkungen hinterließen, die frisches Wasser enthielten, wie es vom Verdunstungs- und Kondensationszyklus in der Atmosphäre hervorgebracht wird. Die daraus entstandenen Seen teilten sich in Ströme und Flüsse, die dem Meer zustrebten und eine spezielle Umwelt für bestimmte Tierarten wie den Lachs erzeugten. Durch welche Laune der Natur, wissen wir nicht – aber durch langsame Veränderungen im Rahmen der Interaktion dieser Arten und ihrer Umwelt wurde ein bis in Einzelheiten gehendes Verhaltensmuster erblich fixiert. Was da geschah, würden wir Programmierung nennen, die in diesem besonderen Fall sich über eine Periode von ungefähr fünf Jahren erstreckt und derart gegensätzliche Elemente umfaßt, daß sie auf den oberflächlichen Beobachter unnatürlich wirken. Man würde erwarten, daß diese Tiere, einmal an Süßwasser gewöhnt, jede andere Umwelt für unangenehm halten und sie folglich meiden. Gerade das aber ist nicht der Fall. Im Gegenteil: Sie finden einen Bereich, in dem Süßwasser aus dem Fluß und Salzwasser aus dem Meer aufeinanderstoßen, und harren da geduldig aus, indem sie sich langsam an diese neue Umwelt anpassen. Dann ziehen sie in Schwärmen fort und haben ihren Ursprungsort scheinbar völlig vergessen. Sie können sehr weit wandern, in neue Tiefen vordringen und auf neue Gefahren stoßen und sich doch in ihrer neuen Umwelt heimisch fühlen. Was dann geschieht, ist geradezu unfaßlich, und doch geschieht es mit der Präzision eines Computers.

Die verschiedenen Lachsschwärme ändern ganz plötzlich und mehr oder weniger zur gleichen Zeit ihre Richtung und schwimmen in Richtung ihres Heimatsees. Wieder bleiben sie für einige Zeit, die zur erneuten Anpassung an Süßwasser erforderlich ist, im Mündungsbecken eines Flusses und beginnen dann ihre dramatische Reise stromaufwärts zur geschützten Umwelt ihrer Herkunft, um dort ihren Laich abzulegen. Wenn ihr Lebenszyklus sich so vollendet hat, sterben sie schnell und versorgen die Umwelt mit der Substanz, die für das künftige Leben am nötigsten ist.

Die bis in Einzelheiten gehende Art und Weise, wie erbliche Instinktmuster das Verhalten von Tieren strukturieren können, und die genaue zeitliche Synchronisierung sind außergewöhnlich eindrucksvoll. Bei Menschen sind bestimmte grundlegende Entwicklungsmuster und -Sequenzen ebenfalls erblich festgelegt, aber das individuelle Verhalten wird durch Erfahrung und Interaktion mit der Umwelt geformt. Kinder können von einer Umwelt in eine andere überführt werden; sie werden sich an die anpassen, in der sie heranwachsen. Diese Erfahrung formt sie zu erwachsenen Mitgliedern jener besonderen Gemeinschaft. Sie werden dann handeln, als sei ihr Verhalten ererbt wie das instinktive Verhalten des Lachses. Da sie jedoch menschliche Wesen sind, haben sie ihre Verhaltensmuster anhand von Erziehung und mittels der Hilfe der anderen Mitglieder der Gemeinschaft aufbauen müssen.

An der Montessori-Erziehung ist gerade das das Besondere, daß es ihr Ziel ist, menschlichen Wesen bei der gewaltigen Aufgabe des inneren Aufbaus zu helfen, der erforderlich ist, um aus der Kindheit ins Erwachsenenalter hineinzuwachsen. Ohne Erziehung als wesentlichem Aspekt der menschlichen Entwicklung können wir nicht wirklich erwachsen werden. Der Grad von Formung, den die individuelle Persönlichkeit erreichen kann, hängt von ihr ab.

Die Montessori-Erziehung hilft, diese Formung der Persönlichkeit zu fördern. Es ist deshalb erstaunlich, daß bei so vielen Menschen der Eindruck vorherrscht, daß sie nur für kleine Kinder gedacht sei. Die Montessori-Methode kann von der Geburt an angewendet werden – und sogar noch vor der Geburt durch die Vorbereitung der Erwachsenen auf ihre Elternrolle: und sie kann fortgesetzt werden, bis ein Kind die Reife erreicht. In Holland gibt es Höhere Schulen auf der Grundlage der Montessori-Prinzipien seit 1931.

Um uns wieder unserem Thema zuzuwenden: Wenn ein Kind die Hilfe erhalten hat, die es braucht, findet eine Integration der Persönlichkeit ungefähr um das sechste Lebensjahr herum statt. Diese Integration markiert das Ende der Lebensphase, die in einer geschützten Umwelt verbracht wurde und während der das Kind direkt von den für seine Betreuung verantwortlichen Erwachsenen abhängig war. Im Zuge dieser Phase sind grundlegende Verhaltensmuster und Einstellungen in der Persönlichkeit des Kindes internalisiert und integriert worden. Zugleich hat sich eine Differenzierung der sensorischen Erfahrungen und die indirekte Vorbereitung auf neue Funktionen zu entwikkeln begonnen.

Zu einem bestimmten Zeitpunkt möchte das Kind selbst sein schützendes Gehäuse verlassen und die große Welt erkunden. Natürlich ist dieses Sich-Heraustrauen aus einer schützenden Umwelt relativ, weil es noch nicht in der Lage ist, sie wirklich ganz zu verlassen. Es läßt sich jedoch eine zunehmende Unabhängigkeit von den Eltern beobachten. In dieser Entwicklungsphase wird auch ein wachsendes Interesse für das Verhalten von Gleichaltrigen und der Wunsch, sich mit anderen in Gruppen zusammenzufinden, deutlich. Überdies werden auch andere Erwachsene als die Eltern idealisiert. Es besteht eine bemerkenswerte Neigung, sich mit Helden der Gruppe zu identifizieren, die als Modelle dienen. Zu dieser Zeit tritt mit aller Deutlichkeit eine neue Einstellung zur Welt zutage. Die Kosmische Erziehung bietet die Art von Hilfe, die die neuen, auf dieser ersten Integrationsebene konsolidierten Potentialitäten aktiviert. Der Weg für diese Aktivierung ist durch indirekte Vorbereitung auf einer früheren Stufe geebnet worden. Alle Erfahrungen, die dem Kind früher in der vorbereiteten Umwelt geboten wurden, waren Grunderfahrungen, die entweder für die Ausbildung späterer Funktionen oder als Schlüssel gebraucht wurden, durch die es seine Welt erkunden und sich in ihr orientieren konnte. Wenn es diese zweite Phase der Reife erreicht, sollte ihm eine umfassendere Sicht der Welt geboten werden, d.h. eine Sicht des gesamten Universums.

Diese Art des erzieherischen Umgangs mit Kindern unterscheidet sich von den sonst in Schulen gebräuchlichen. Die Grundidee ist, wie oben erwähnt, die, die Imagination des Kindes zu wecken und ihm eine Vision von der Ordnung der Dinge zu vermitteln. Die innere Ordnung der Persönlichkeit muß durch Erfahrungen in einer strukturierten Welt aufgebaut werden. So muß das Kind – mittels einer Skala, die so umfassend wie möglich ist – ein kohärentes Bild der Umgebung gewinnen, in der es aufwächst. Das Chaos wird es niemals zu wirklicher Anteilnahme stimulieren.

Die innere Ordnung ist notwendig, um Sinn in der eigenen Existenz sehen zu können, seine Identität zu finden, Unabhängigkeit zu erreichen und auf sinnvolle Weise zu handeln. Das Interesse an besonderen Einzelheiten wird nie aktiviert ohne ein vorgängiges Interesse am Ganzen. Im allgemeinen herrscht in der Grundschulerziehung die Tendenz, Fakten so klar wie möglich zu machen, indem man beim Einfachsten und Elementarsten ansetzt und zum Komplexeren und Abstrakteren fortschreitet. Die Schüler finden das langweilig und müssen sich zum Lernen durch einen Willensakt zwingen. Um ihr Interesse zu wecken, muß ihnen zunächst die Wechselbeziehung der Dinge dieser Welt deutlich gemacht werden – die verschiedenen Aspekte von Erkenntnis, die untersucht werden können, die Art und Weise, wie sie zueinander in Beziehung stehen oder zustande kommen.

Ein Weg dazu, Kindern die globale Sicht des Universums zu vermitteln, die sie brauchen, ist der der Einführung des ökologischen Prinzips in die Erziehung. So kann etwa die Wechselbeziehung von lebenden und unbelebten Dingen ins Auge gefaßt werden – etwa das, was Pflanzen von der Erde bekommen müssen, um wachsen zu können, welche speziellen Funktionen sie haben in bezug auf Kohlendioxyd, Oxygen, Wasser usw. Oder es kann die Geschichte vom Lachs in spannender Weise erzählt werden, so daß die Imagination der Zuhörer angeregt wird. Verschiedene Aspekte ihres Lebenszyklus können eingeführt werden, die Neugier erwecken und später in allen Einzelheiten von den Kindern untersucht werden können. Sie werden das mit Vergnügen tun, weil einer der normalen Züge eines glücklichen Menschenwesens der Wunsch ist, seine Intelligenz und seine grenzenlose Neugier zu benutzen, um neue Dinge zu erfahren, zu erkunden und zu entdecken oder neue Wege, vertraute Dinge zu benutzen.

An eben diesen Wesenszug muß die Erziehung appellieren. Lernen sollte für die Kinder keine Anstrengung, keine Last, keine langweilige Pflicht sein, die man um der Zustimmung irgendeiner Autoritätsperson willen auf sich nimmt. Im Gegenteil, es sollte aus persönlichem Interesse und Beteiligung an der Welt hervorgehen, aus einem Verständnis für die Bedeutung der Dinge. Wenn das der Fall ist, kann ein Kind sich selbst in bezug auf die Gesellschaft, die Geschichte des Menschen und die Zukunft zu orientieren. Kindern unter sechs Jahren kann beispielsweise Geschichte in einer Art und Weise gelehrt werden, die ihnen hilft, ihre eigene Identität zu bestimmen, indem sie lernen, wie Menschen in der Vergangenheit und in anderen Kulturen gelebt haben. Was ältere Kinder wiederum weit mehr interessiert, ist eine umfassendere Sicht des Menschen: wann er auf der Erde erschien und wie er sich im Laufe der Jahrhunderte entwickelte. Die Grundidee ist dann die, eine dynamische globale Darstellung davon zu geben, wie sich das menschliche Leben auf Erden entwickelt hat und schließlich zu dem geworden ist, was Maria Montessori die „Supranatur" nannte.

Kinder dieser Altersstufe sind fasziniert, weil diese Geschichte sie persönlich betrifft. Sie beginnen, sich ihrer eigenen Situation als sich entwickelnde menschliche Wesen bewußt zu werden und sie werden auf natürliche Weise des Unterschieds zwischen dem Menschen und anderen Lebewesen gewahr. Zwischen beiden und der Umwelt besteht eine Wechselbeziehung. Diese Wechselbeziehung wird deutlich in dem, was Maria Montessori als kosmische Aufgabe bezeichnete – den Dienst, den die Individuen jeder Spezies ihrer Umwelt leisten müssen, von der ihre Existenz abhängt, um sie in der Weise zu erhalten, daß sie auch ihren Nachkommen, Generation nach Generation, Unterhalt bietet. Manche tun das durch ihren Tod wie die Lachse, deren zerfallende Körper Plankton für die nachfolgende Generation liefern. Andere tun es bereits zu Lebzeiten. Bienen beispielsweise brauchen Blumen, um Nektar sammeln und daraus Honig zu gewinnen. Man mag das ihre Hauptlebensaufgabe nennen, wenn man ihnen Bewußtsein zubilligen wollte. Im Zuge dieser ihrer Tätigkeit befruchten sie unabsichtlich die Blüten, die sie aufsuchen, indem sie mit ihren Beinhaaren Blütenstaub von einer zur anderen tragen. Auf diese Weise machen sie sich die Umwelt nicht nur zunutze, sondern erhalten und kultivieren den Teilbereich, der für das Überleben ihrer Spezies lebensnotwendig ist.

Die Wechselbeziehung zwischen Mensch und Umwelt ist jedoch andersartig. Er ist ein Agent des Zufalls. Er hat nicht dieselbe fixierte Korrelation zu seiner Umwelt wie die Tiere. Er hat nicht nur den Drang, sich an die Umwelt anzupassen, sondern sie auch, dem eigenen Fortschritt angemessen, zu verändern, gemäß dem Diktat seiner Bedürfnisse und seiner Imagination (oder deren Mangel). Eben das nannte Montessori die kosmische Aufgabe des Menschen: das Werk der Schöpfung fortzusetzen.

Seit seinem Erscheinen auf Erden hat der Mensch seine Umwelt ständig weiter verändert und bereichert. Der Mensch hat die Macht, neue phantastische Möglichkeiten hervorzubringen. Er kann zu anderen Planeten aufbrechen oder seinen eigenen vollständig zerstören. Seine Macht bedarf der Lenkung. Bienen, die nach Nektar suchen, dienen auch der Befruchtung der Blumen der jeweiligen Region. Menschen, die Lachs brauchen, fischen in einem bestimmten Bezirk so lange danach, bis der Lachs ausgerottet ist, und ziehen dann anderswohin weiter. Es wäre durchaus leicht gewesen, die Ausmerzung des Lachses in jenem oben erwähnten See in Alaska zu vermeiden. Und es hätte im Interesse der Fischereiindustrie gelegen, wenn man so verfahren wäre. Aber die Vorstellung des langfristigen Planens fehlte noch. Der Mensch verfügt über keine angeborene Programmierung wie der Lachs. Er muß sich, mittels bewußter Anstrengung, selbst programmieren. Es ist heute offensichtlich, daß der Mensch in verzweifeltem Ausmaß der Intelligenz bedarf, um seine Kraft zur konstruktiven Veränderung der Dinge einzusetzen. Das steht nur zu hoffen, wenn er seine selbstverfertigte Umwelt in einer Verfassung erhält, die menschlichem Leben ermöglicht, sich in Richtung auf eine allgemeine würdige Existenzform zu entwickeln. Eben das läßt sich nur mit Hilfe von Erziehung verwirklichen.

Damit wird die Einsicht wichtig, daß der Bereich der Montessori-Erziehung nicht der der Vermittlung von Kenntnissen um des Lernens selbst willens ist. Statt dessen ermutigt sie zum Lernen, weil Lernen ein Wesenszug der menschlichen Entwicklung ist, ein Bedürfnis, das ohne Erziehung nicht befriedigt werden kann. Folglich ist es zunächst erforderlich, die menschliche Entwicklung zu untersuchen und Einblick in die besonderen Bedürfnisse des heranwachsenden Individuums in unterschiedlichen Lebensphasen zu gewinnen.

Mit besonderen Bedürfnissen meine ich nicht das, was John, Mary oder irgendein anderes Kind zu einem bestimmten Zeitpunkt möchte, sondern die inneren Bedürfnisse, die die Entwicklung der heranwachsenden Persönlichkeit lenken. Ein Erwachsener, der jungen Individuen bei dieser großen Aufgabe des Selbstaufbaus helfen möchte, muß der Vielzahl von Faktoren eingedenk sein, die menschliches Verhalten bestimmen, und muß ihre Beziehung zum Entwicklungsverlauf des menschlichen Lebens kennen.

Historisch gesehen, ist die Komplexität dieses Prozesses, was die Erziehung betrifft, noch nicht wirklich in Betracht gezogen worden. In jüngerer Zeit wird seine Relevanz jedoch mehr und mehr erfaßt, insbesondere seine Relevanz für höhere Erziehungsniveaus. Universitäten und Höhere Schulen beginnen zu verstehen, in welchem Ausmaß die Effektivität ihrer Arbeit von dem abhängt, was ihre Studenten und Schüler in der vorhergehenden Phase aus sich selbst heraus zu leisten fähig waren. Es vermehrt sich das Verständnis der menschlichen Entwicklung als eines kontinuierlichen Prozesses, in dem das Individuum dieselbe psychosomatische Einheit bleibt, während es sich doch ständig an Umweltveränderungen anpaßt. Damit ist es nicht mehr so wichtig, welche Fakten man dem Studenten beibringt, weil diese Fakten häufig bereits von der Zeit an, in der sie benutzt werden können, zum Veralten verdammt sind. Wichtiger ist es, ihm zu helfen, seine Potentialitäten so zu entwickeln, daß er auf seine eigenen Fähigkeiten, mit dem Unerwarteten fertig zu werden, bauen und lösen kann, was immer an neuen Problemen auftaucht. Mit anderen Worten: Man muß ihm helfen, sich in seiner eigenen Welt unabhängig zu fühlen und die Vision zu entwickeln, die es ihm als Erwachsenem ermöglicht, seine Umwelt in der Weise zu erhalten, daß die unaufhörliche, kreative und gigantische kosmische Aufgabe des Menschen weitergeführt werden kann.

Die eine und gemeinsame Intelligenz, an der wir alle teilhaben, hat, in Hinsicht auf praktische Zielsetzungen, keine Grenzen. Der Mensch kann fortgesetzt und immer wieder neue Möglichkeiten entdecken. Auf eben diese gemeinsame Intelligenz als dynamische gemeinschaftliche Wesenheit, die von individuellen, die Gemeinschaft bildenden Persönlichkeiten hervorgebracht wird, richtet sich die kosmische Erziehung. Der Fortschritt – oder der Mangel an Fortschritt – der menschlichen Gemeinschaft wird von der gemeinsamen Aktion der sie ausmachenden Individuen bestimmt. Wenn wir lediglich *ad hoc* auf Ereignisse und Krisen reagieren, wird unser Fortschritt armselig, werden unsere Handlungen kurzsichtig sein. Wenn wir uns von visionärer Vorstellungskraft und kreativer Imagination leiten lassen, kann unser Fortschritt sehr groß, können unsere Handlungen zukunftsorientiert sein. Die kosmische Erziehung versucht, den jungen Menschen in ihren geeigneten sensiblen Phasen die Art von Stimulierung und Hilfe zu bieten, die sie brauchen, um ihren Geist, ihre visionäre Energie und ihre kreative Potenz zu entwickeln, wie hoch das Niveau oder das Ausmaß ihres Beitrags auch immer sein mag.

Literaturauswahl

Die wichtigsten Schriften Maria Montessoris in deutscher Sprache

Die Entdeckung des Kindes, Freiburg [10]1991 (früher: Selbsttätige Erziehung im frühen Kindesalter, Stuttgart 1913)
Mein Handbuch, Stuttgart 1922
Das Kind in der Familie, Stuttgart 1954 (früher: Wien 1923)
Schule des Kindes, Freiburg [4]1991 (früher: Montessori-Erziehung für Schulkinder, Stuttgart 1926)
Grundlagen meiner Pädagogik, in P. Oswald/G. Schulz-Benesch, Grundgedanken der Montessori-Pädagogik, Freiburg [13]1995, S. 25–44
Kinder sind anders, Stuttgart [10]1978
Kinder, die in der Kirche leben, Freiburg 1964
Von der Kindheit zur Jugend, Freiburg [3]1979
Über die Bildung des Menschen, Freiburg 1966
Das kreative Kind – Der absorbierende Geist, Freiburg [9]1992
Frieden und Erziehung, Freiburg 1973
Spannungsfeld Kind – Gesellschaft – Welt, Freiburg 1979
Kleine Schriften Maria Montessoris: 1. „Kosmische Erziehung", Freiburg [3]1995
– 2. Die Macht der Schwachen, Freiburg [2]1992
– 3. Dem Leben helfen, Freiburg 1992
– 4. Gott und das Kind, Freiburg 1995

Sekundärliteratur in Deutschland nach 1945

Beiträge zur Montessori-Pädagogik 1977, hrsg. von Paul Scheid und Herbert Weidlich, Stuttgart 1977
Berg, Horst Klaus, Montessori für Religionspädagogen, Stuttgart 1994
Biewer, Gottfried, Montessori-Pädagogik mit geistig behinderten Schülern, Bad Heilbrunn 1992
Böhm, Winfried, Maria Montessori, Bad Heilbrunn [2]1991
Buytendijk, F. J. J., Erziehung zur Demut, Ratingen 1962 (bearb. von Günter Schulz-Benesch), Neuausg. Montessori-Vereinigung, Köln, Aachen 1990
Cavalletti, Sofia, Das religiöse Potential des Kindes. Religiöse Erziehung im Rahmen der Montessori-Pädagogik. Erfahrungen mit Kindern im Alter von 3–6 Jahren, Freiburg – Basel – Wien 1994
Esser, Barbara/Wilde, Christiane, Montessori-Schulen. Zu Grundlagen und pädagogischer Praxis, Reinbek b. Hamburg 1989
Fähmel, Ingrid, Zur Struktur schulischen Unterrichts nach Maria Montessori, Frankfurt/Bern 1981

Fischer, Reinhard, Lernen im non-direktiven Unterricht, Frankfurt/Bern 1982
Grundgedanken der Montessori-Pädagogik. Aus Maria Montessoris Schrifttum und Wirkkreis zusammengestellt von Paul Oswald und G. Schulz-Benesch, Freiburg [13]1995
Günnigmann, Manfred, Montessori-Pädagogik in Deutschland. Bericht über die Entwicklung nach 1945, Freiburg 1979
Hainstock, Elisabeth, Montessori zu Hause. Die Vorschuljahre, Freiburg 1971 – Montessori zu Hause. Die Schuljahre, Freiburg 1973
Heiland, Helmut, Maria Montessori, Hamburg 1991
Heimbring, Darko, Montessori-Pädagogik und naturwissenschaftlicher Unterricht, Aachen 1990
Hellbrügge, Theodor, Unser Montessori-Modell, München 1977
Hellbrügge, Theodor und Montessori, Mario (Hrsg.), Die Montessori-Pädagogik und das behinderte Kind, München 1978
Helming, Helene, Montessori-Pädagogik. Ein moderner Bildungsweg in konkreter Darstellung, Freiburg [14]1992
Holtstiege, Hildegard, Modell Montessori. Grundsätze und aktuelle Geltung der Montessori-Pädagogik, Freiburg [6]1991
Holtstiege, Hildegard, Studien zur Montessori-Pädagogik. I: Maria Montessori und die „reformpädagogische Bewegung", Freiburg 1986; II: Maria Montessoris Neue Pädagogik: Prinzip Freiheit – Freie Arbeit, Freiburg 1987
Holtstiege, Hildegard, Erzieher in der Montessori-Pädagogik. Bedeutung – Aufgaben – Probleme, Freiburg 1991
Holtstiege, Hildegard, Montessori-Pädagogik und soziale Humanität. Perspektiven für das 21. Jahrhundert, Freiburg 1994
Jones, Ilse, Möglichkeiten und Grenzen der Montessori-Pädagogik. Das Erziehungskonzept der Maria Montessori in der Sekundarstufe I, Frankfurt/M. 1987
Jühlke, Karl Josef, Montessori und Freud. Versuch einer Verhältnisbestimmung von Montessori-Pädagogik und pädagogisch relevanten Konzeptionen der Psychoanalyse Freudscher Tradition. Dissertation Münster 1980
Kramer, Rita, Maria Montessori, Frankfurt/M. (Fischer TB), 1995
Kratochwil, Leopold, Pädagogisches Handeln bei Hugo Gaudig, Maria Montessori und Peter Petersen, Donauwörth 1992
Missmahl-Maurer, Susann, Maria Montessori. Neuere Untersuchungen zur Aktualität und Modernität ihres pädagogischen Denkens, Frankfurt/Bern 1994
Montessori, Maria – Texte und Gegenwartsdiskussion – hrsg. von Winfried Böhm, Bad Heilbrunn [4]1990
Montessori, Maria, Grundlagen meiner Pädagogik und weitere Aufsätze zur Anthropologie und Didaktik, hrsg. von B. Michael, Heidelberg [5]1979
Montessori, Maria, Die Grundlagen ihrer Pädagogik und Möglichkeiten der Übertragung in Schulen, hrsg. von Werner Katein, Langenau – Ulm 1992

Montessori und die Defizite der Regelschule, hrsg. von Herbert Haberl, Freiburg – Basel – Wien 1993
Montessori-Pädagogik. Beiträge zu Theorie und Praxis, hrsg. von Herbert Haberl, Wien 1994
Montessori-Pädagogik und die Erziehungsprobleme der Gegenwart, hrsg. von Birgitta Fuchs/Waltraud Harth-Peter, Würzburg 1989
Montessori, Reihe: Wege der Forschung, Band CC, hrsg. von Günter Schulz-Benesch, Darmstadt 1970 (Sammlung von Sekundär-Literatur 1910 bis 1968)
Montessori, Mario, Erziehung zum Menschen. Montessori-Pädagogik heute, München 1977
Montessori, Renilde/Schneider-Henn, Karin, Uns drückt keine Schulbank, Stuttgart 1983
Montessori-Pädagogik in der Sekundarstufe, Reihe „Orientierung“, Folge 8, Hrsg. Bistum Aachen 1982
Montessori für Eltern. Eine Auswahl aus dem Werk Maria Montessoris, hrsg. von Paul Oswald u. G. Schulz-Benesch, Ravensburg 1974
Orem, R. C., Montessori heute, Gedanken und Reports zur Montessori-Renaissance in den USA, hrsg. von Paul Oswald und Günter Schulz-Benesch, Ravensburg 1975
Oswald, Paul, Das Kind im Werke Maria Montessoris, Mülheim 1958
– Die Anthropologie Maria Montessoris, Münster i. W. 1970
Schmutzler, Hans-Joachim, Spiel, Phantasie und Arbeit bei Fröbel und Montessori, Dissertation, Münster 1975
Schmutzler, Hans-Joachim, Fröbel und Montessori. Zwei geniale Erzieher – was sie unterscheidet, was sie verbindet, Freiburg 1991
Schröder, Theo F. C., Die Geschwister Agazzi und Maria Montessori. Eine vergleichende Analyse ihrer Erziehungskonzeptionen, Frankfurt/M. 1987
Schulz(-Benesch), Günter, Der Streit um Montessori, Freiburg 1961
Schulz-Benesch, Günter, Montessori, Reihe „Erträge der Forschung“, Bd. 129, Darmstadt 1980
Standing, E. M., Maria Montessori, Leben und Werk, Neuauflage Oberursel i. T., (o.J.) (früher Stuttgart 1959)
Steenberg, Ulrich, Kinder kennen ihren Weg. Ein Wegweiser zur Montessori-Pädagogik, Ulm 1993
Suffenplan, Wilhelm, Untersuchungen zur Makroperiodik von Lernaktivitäten bei Neun- bis Elfjährigen in einer Schulsituation mit freier Arbeitswahl, Dissertation Dortmund 1974
Tielkes, Monika, Der „Pädagogische Versuch“ Maria Montessoris, Amersfoort 1991
van Veen-Bosse, Brigitte, Konzentration und Geist. Die Anthropologie in der Pädagogik Maria Montessori, in: Neue Aspekte der Reformpädagogik (Einführung von O. F. Bollnow), Heidelberg 1964, S. 101–160

Personenverzeichnis

Sachverzeichnis

Maria Montessori

Sekundärliteratur

Herbert Haberl
Montessori und die Defizite der Regelschule
Internationale Krimmler Montessori-Tage
320 Seiten, Paperback
ISBN 3-451-25090-1

Helene Helming
Montessori-Pädagogik
Ein moderner Bildungsweg in konkreter Darstellung
208 Seiten, Paperback
ISBN 3-451-22627-8

Hildegard Holtstiege
Erzieher in der Montessori-Pädagogik
Stellung - Aufgaben - Probleme
160 Seiten, Paperback
ISBN 3-451-21998-0

Hildegard Holtstiege
Studien zur Montessori-Pädagogik 2: Maria Montessoris Neue Pädagogik Prinzip Freiheit - Freie Arbeit
176 Seiten, Paperback
ISBN 3-451-20919-5

Hildegard Holtstiege
Modell Montessori
Grundsätze und aktuelle Geltung der Montessori-Pädagogik
202 Seiten, Paperback
ISBN 3-451-23358-4

Hildegard Holtstiege
Montessori-Pädagogik und soziale Humanität
Perspektiven für das 21. Jahrhundert
176 Seiten, Paperback
ISBN 3-451-23356-8

Anke Olowson
Die Kosmische Erziehung in der Pädagogik Maria Montessoris
Ein Weg von der Theorie zur Praxis
128 Seiten, Paperback
ISBN 3-451-23946-9

Paul Oswald/Günter Schulz-Benesch
Grundgedanken der Montessori-Pädagogik
Aus Maria Montessoris Schrifttum und Wirkkreis
200 Seiten, Paperback
ISBN 3-451-21626-4